U0325366

国家社会科学基金重大项目：碳中和新形势下我国参与国际气候治理总体战略和阶段性策略研究（批准号：22ZDA111）

·经济与管理书系·

碳排放趋势研究

基于社会经济发展进程

康文梅 | 著

光明日报出版社

图书在版编目（CIP）数据

碳排放趋势研究：基于社会经济发展进程 / 康文梅著. -- 北京：光明日报出版社，2024. 11. -- ISBN 978-7-5194-8140-7

Ⅰ. X511；F124

中国国家版本馆 CIP 数据核字第 2024NV5900 号

碳排放趋势研究：基于社会经济发展进程

TANPAIFANG QUSHI YANJIU：JIYU SHEHUI JINGJI FAZHAN JINCHENG

著　　者：康文梅

责任编辑：刘兴华　　责任校对：宋　悦　李学敏

封面设计：中联华文　　责任印制：曹　诤

出版发行：光明日报出版社

地　　址：北京市西城区永安路 106 号，100050

电　　话：010-63169890（咨询），010-63131930（邮购）

传　　真：010-63131930

网　　址：http：//book. gmw. cn

E - mail：gmrbcbs@ gmw. cn

法律顾问：北京市兰台律师事务所龚柳方律师

印　　刷：三河市华东印刷有限公司

装　　订：三河市华东印刷有限公司

本书如有破损、缺页、装订错误，请与本社联系调换，电话：010-63131930

开　　本：170mm×240mm

字　　数：142 千字　　印　　张：14. 5

版　　次：2025 年 1 月第 1 版　　印　　次：2025 年 1 月第 1 次印刷

书　　号：ISBN 978-7-5194-8140-7

定　　价：89. 00 元

序

当前，气候变化形势严峻。2023 年，全球气候持续变暖，2023 年的全球平均气温比 1850—1900 年的平均水平高 1.45℃±0.12℃。2022 年，全球平均海表温度较常年偏高 0.23℃，是 1870 年以来的第五高值，并且冰川也整体处于消融退缩状态。根据国际能源署《2022 年二氧化碳排放报告》，2022 年，全球与能源相关的碳排放量增长了 0.9%，即增长了 3.21 亿吨，创下超 368 亿吨的新高，其中我国的碳排放量与上一年大致持平，2022 年我国能源相关的二氧化碳排放总量占到全球的 32.88%（121 亿吨）。与此同时，根据世界气象组织的数据，1970—2021 年，极端天气、气候和与水有关的事件造成了近 1.2 万起灾害、4.3 万亿美元的经济损失，死亡人数超过 200 万，其中 90%发生在发展中国家。因此，创纪录的温室气体浓度将全球温度推向越来越危险的水平，气候变化的社会经济影响正在加剧。全球控制二氧化碳排放已经成为大势所趋，是全球治理的热点和重要内容。

目前，我国作为全球第一大排放国，受到国际社会的高度关注，我国在全球气候治理中面临巨大的压力。同时，我国作为新兴经济体国家，正处于快速工业化、城镇化进程中，处于工业社会向后工业社会转型期，并且2035年人均GDP将达到中等发达国家水平，这意味着将显著影响二氧化碳排放趋势。因此，我们从社会经济发展角度科学地认识和分析我国的二氧化碳排放趋势，不仅可以为我国实现绿色、低碳转型发展，落实《巴黎协定》承诺的贡献目标提供参考，还能为我国参与全球治理，提出符合我国发展需求和体现我国责任担当的国家立场提供参考。

康文梅

2024年1月16日

前　言

气候变化作为全球环境问题，受到国际社会高度关注。我国自2007年成为全球第一大温室气体排放国后，在应对气候变化国际治理进程中面临着较大的减排压力。在国内，随着经济社会发展和生态文明建设的深入推进，绿色低碳发展也已成为我国转型发展的内在诉求。因此，分析我国碳排放关键影响因素的变化规律，科学认识我国未来碳排放趋势，不仅有助于科学制定绿色低碳发展规划，推进生态文明建设，还能为我国参与全球气候治理提供数据支持和决策参考。

本书系统分析和梳理了我国碳排放预估相关的国内外研究成果，在研究方法和内容上力争创新。在研究方法上，重点分析了“城市化进程”“工业化进程”等影响碳排放趋势的关键社会经济因素的变化趋势，进而预估我国未来二氧化碳排放趋势与峰值；在研究内容上，基于包含能源环境模块的动态全球一般均衡模型，预估了我国二氧化碳排放趋势，从流量角度分析了全球主要国家和地区未来排放格局，从存量角度测算了全球主要排放大国分阶段的国家历史累积与人均历史累积的二氧化碳排放量。本书形成的主要研究结论如下：（1）运用Logistic增长模型、新陈代谢GM（1，1）模型、经济因素相关关系类模型等三种经典城镇化率预测方法得出我国2035年之前城镇化率呈现增长趋势，2027年达到70.50%，2035年达到80.43%。（2）采用成分结构法和新陈代谢GM（1，1）模型预估我国2035年之前能源消费结构将持续优化，煤炭消费比2035年下降了40.5%。同期，石油、天然气、非化石能源消费占比分别为19.3%、18%、22.3%。（3）基于关键指标的不同计算方法，我国2035年之前工业化进程呈现两种发展情景。进展较快的情景显示，我国将于2031年完成工业化进程，进入后工业化阶段；进展较慢的情景显示，直到2035年我国仍是基本完成工业化进程。（4）基于包含能源环境模块的动态全球一般均衡模型分析，在完成工业化和基本完成工业化进程两种情景下，我国二氧化碳排放均已达到峰值，前者于2027年达到峰值，峰值为11.49GtCO_2，后者于2029年达峰，峰值为11.70GtCO_2。（5）2035年之前在全球主要国家二氧化碳排放中，我国一直是占比最大的国家，2035年占比为33.03%，同期印度占比为14%，美国为8.8%，欧盟为4.4%。从国家历史累积与人均历史累积二氧化碳排放来看，美国国家历史累积和人均历史累积排放都排名全球第一，我国到2035年国家历史累积排放将达到3846.04亿吨二氧化碳，超过欧盟成为第二大历史累积排放国，而人均历史累积碳排放量仅为290.14吨，分别是美国、欧盟的14%、35%。

目　录
CONTENTS

图表目录

第一章

绪　论

气候变暖作为环境问题的焦点，引起了全球广泛的关注。造成气候变暖的主要温室气体——二氧化碳排放自然成为全球治理的重点内容。随着我国成为世界第二大经济体与第一大碳排放国，我国二氧化碳排放变化趋势受到国际社会的广泛关注。在此背景下，本章在比较系统、全面地分析基于社会经济发展研究我国二氧化碳排放的重要理论意义和现实意义基础上，介绍了本书的研究思路、研究内容、研究方法、研究框架及主要创新点。

第一节　研究背景与选题意义

一、研究背景

（一）控制二氧化碳排放量已成为大势所趋

1962年，蕾切尔·卡森（Rachel Carson）创作的《寂静的春天》以农药对环境甚至人类造成的严重影响给世界敲了一个警钟，环境问题开始进入人们的视野。10年后，全球133个国家召开了第一次国际环保大会，标志着环境问题已经得到全球范围的关注。同时，温室效应所导致的气候变暖也被科学家作为环境问题提出。全球经过半个多世纪应对气候变化的科学研究和政治谈判，形成了大量重要成果，不仅建立了联合国政府间气候变化专门委员会（Intergovernmental Panel on Climate Change，IPCC）机构，其已经发布六次气候变化评估报告，还形成了具有法律约束效应的《京都议定书》。发达国家和发展中国家共同行动，且各国自主提供减排目标即一种“自下而上”减排范式的《巴黎协定》。尽管诸多国家已经付诸了许多努力，2022年，全球平均二氧化碳浓度已达到417.9ppm①，与能源相关的二氧化碳排放增长了0.9%，达到了368亿吨（增量为3.21亿吨）。② 2023年，平均气温水平较工业化前上升1.45℃±0.12℃③，而且全球变暖仍在加速，创纪录的温室气体浓度将全球温度推向越来越危险的水平，气候变化的社会经济影响正在加剧。值得注意的是，按照《巴黎协定》缔约方目前的无条件自主贡献减排方案，全球气温于2030年将会上升3.2℃，无

---

① 世界气象组织（WMO）. WMO Greenhouse Gas Bulletin [EB/OL]. 世界气象组织，2023-11-15.

② International Energy Agency. CO_2 Emissions in 2022 [R/OL]. IEA网站，2023-03.

③ 世界气象组织（WMO）. WMO确认2023年全球气温打破纪录 [EB/OL]. 世界气象组织，2024-01-12.

法实现“低于工业化 2℃”的目标①，实现 1.5℃目标更加艰难。因此，全球控制二氧化碳排放已经成为大势所趋，是全球治理的热点和重要内容。

（二）社会经济发展水平显著影响二氧化碳排放量

随着 18 世纪中叶工业革命的开始，全球社会经济经过了不到 300 年的加速发展，远远超过工业化前的发展速度和水平，同时由此造成的二氧化碳排放浓度也呈现为显著增高的趋势。全球经济产出每增加 1%，与能源相关的二氧化碳排放量约增加 0.5%。② 不同的社会经济发展水平，由于工业化进程、城镇化率、能源结构等差异对二氧化碳排放的驱动和减缓影响不同，表现为不同的二氧化碳排放变化趋势。社会经济发展水平相对已处于较高阶段的国家，如美国，人口相对稳定，国内生产总值增长稳定，工业化进程已经完成，能源结构实现低碳化，二氧化碳排放已然达到峰值，且未来波动相对较小；社会经济正处于快速发展的新兴经济体国家，如中国、印度等，国内生产总值持续增长，城镇化率稳定提高，能源结构趋向优化，工业化进程逐渐进入后工业化甚至完成工业化进程，社会经济发展水平的变化速度快且幅度大，由此带来的二氧化碳排

① United Nations Environment Programme. Emissions Gap Report 2019 [R]. Nairobi: UNEP, 2019.

② International Energy Agency. Global Energy and CO_2 Status Report 2018 [R]. France: IEA, 2019.

放量将会非常显著；社会经济发展水平相对缓慢的国家，如朝鲜，工业化进程发展慢，能源结构调整缓慢，社会经济发展水平尚处于起步阶段，对二氧化碳排放影响较小，不会发生显著变化。

（三）我国变革的社会经济发展将显著影响二氧化碳排放量

近年来，我国不仅积极关注并参与全球气候变化行动，而且在国内也开展了一系列减缓二氧化碳排放的措施，能源结构不断优化，煤炭占能源消费量的比例由改革开放以来最高的76.21%下降到2022年的56.2%，天然气占比从最低的1.8%增加到2022年的8.4%①，单位GDP碳排放系数于2022年碳排放强度比2005年下降超过51%。② 此外，习近平主席于2020年9月在第七十五届联合国大会一般性辩论上提出二氧化碳排放力争于2030年前达到峰值，争取2060年前努力实现“碳中和”的“双碳”目标。③

但是，从目前社会经济发展水平来看，我国仍然属于发展中国家，2023年人均国内生产总值达到89358元④，按照世界银行公布的2022年官方汇率（1美元=6.74元），约为13257.86

① 数据来自国家统计局官网。

② 生态环境部．2022年碳排放强度比2005年下降超51%［EB/OL］．中国新闻网，2023-10-27.

③ 新华网．习近平在第七十五届联合国大会一般性辩论上的讲话［EB/OL］．求是网，2020-09-22.

④ 中华人民共和国中央人民政府．2023年中国GDP同比增长5.2%［EB/OL］．新华社，2024-01-17.

美元，城镇化率为66.16%[①]，还未达到稳定发展阶段的70%，远低于OECD国家城镇化率平均水平的80%。2021年，人类发展指数为0.768，排名为第79，刚刚进入高等国家发展水平，仍远低于排名第一的瑞士（0.962）。[②] 从资源禀赋来说，我国仍然属于高耗能的能源国家，“多煤、少油、少气”的结构转型艰难，也不具备美国页岩气革命条件。另外，我国作为新兴经济体国家，正处于快速工业化、城镇化进程中，处于工业社会向后工业社会转型期，成为传统意义上的工业化国家，这将会显著影响我国未来的二氧化碳排放趋势。那么，作为全球治理的重要参与方，我国未来社会经济发展水平如何变化以及基于这样的社会经济发展水平我国的二氧化碳排放趋势又将如何变化，甚至我国2030年前二氧化碳排放的目标如果实现了，达到峰值的时间与达到峰值的大小等一系列的问题都是值得关注的焦点。因此，本书拟分析我国2035年之前城镇化率、工业化进程、人口、GDP、能源结构等社会经济发展水平变化趋势，并且在未来社会经济发展水平的基础上，运用动态全球一般均衡模型分析我国二氧化碳排放的发展趋势和全球二氧化碳排放格局。

---

① 中华人民共和国中央人民政府．国务院新闻办就2023年国民经济运行情况举行发布会［EB/OL］．国务院新闻办网站，2024-01-17.

② United Nations Development Programme. 人类发展报告2021/2022［R］. New York：United Nations Development Programme，2022.

二、选题意义

气候变化所造成的问题日益加剧，控制二氧化碳排放水平已经成为全球治理的重点内容，我国作为全球治理的重要参与方，虽然改革开放以来实现了较快的经济增长，于 2010 年成了世界第二大经济体，但是二氧化碳排放量也在增加。早于 2007 年，我国成为全球第一大碳排放国，随着未来社会经济水平的发展与变化，二氧化碳排放量将发生显著变化。因此，本书从社会经济发展角度出发，科学地认识和分析我国未来的二氧化碳排放趋势具有重要的理论和现实意义。

第一，进一步深化社会经济发展水平与二氧化碳排放问题相结合的研究。本书从社会经济发展水平出发研究我国二氧化碳排放量，来影响二氧化碳排放的内在驱动因素研究其变化趋势，可以更加准确地把握二氧化碳排放变化趋势。

第二，为我国实现绿色、低碳转型发展提供参考。本书研究的二氧化碳排放未来变化趋势可以为我国绿色、低碳转型发展提供现实参考，同时也可以为我国落实《巴黎协定》承诺的贡献目标提供参考。

第三，为我国参与全球治理提供依据。我国作为全球治理的重要参与方，本书通过定量分析科学地认识我国未来的二氧化碳排放趋势，可以为提出符合我国相应发展需求和体现我国责任担当的国家立场提供参考。

第二节 研究思路与框架

一、研究思路与内容

根据本书的研究内容和研究方法，我们制定的研究框架如图 1-1 所示，具体可以分为五个部分：1、梳理和分析研究国内外二氧化碳排放趋势的经典文献；2、分析和识别影响二氧化碳排放的关键社会经济因素；3、预估和分析影响二氧化碳排放的社会经济关键因素变化趋势；4、预估和分析我国二氧化碳排放趋势及全球二氧化碳排放格局；5、总结研究结论并形成对策、建议。每个部分的具体内容如下。

1. 梳理和分析国内外二氧化碳排放趋势的经典研究。根据国内外碳排放趋势的经典研究，从方法学、关键因素、研究结论等方面对相关研究进行梳理和分析，我们发现从社会经济角度探讨我国二氧化碳排放发展趋势，来影响二氧化碳排放的内在驱动因素及其变化趋势，可以更加准确地把握二氧化碳排放变化趋势，为我国实现绿色、低碳转型发展提供参考。因此，本书将从社会经济角度研究我国未来二氧化碳排放发展趋势。

2. 分析和识别影响二氧化碳排放的关键社会经济因素。结合国内外碳排放趋势研究，我们充分考虑二氧化碳排放的驱动因素，我国社会经济中影响二氧化碳排放趋势的关键因素主要可以归纳为三类：一类是经济因素，包括产业结构、GDP、工业化进程、城镇化率等；一类是社会因素，包括人口等；一类是资源禀赋因素，包括能源结构等。

3. 预估和分析影响二氧化碳排放的社会经济关键因素变化趋势。针对关键社会经济发展因素，本书采用学界通用的研究方法进行趋势分析，并且尽量以多种方法综合预测，减少单一方法的误差。人口、GDP 等国内外研究机构已经具有比较成熟的趋势数据，直接引用这些已预测好的数据；能源结构的发展趋势在我国能源消费结构中长期目标的基础上，运用成分数据的对数比和球面降维方法及新陈代谢 GM（1，1）模型计算；城镇化率预测采用 Logistic 增长模型、经济因素相关关系类模型、新陈代谢 GM（1，1）模型等方法综合测算；工业化进程判断参考陈佳贵等的研究方法。

4. 认识和分析二氧化碳排放的发展趋势。基于关键社会经济发展的趋势变化，以 2035 年之前完成工业化和基本完成工业化两种政策情景采用包含能源环境模块的动态全球一般均衡模型对我国 2035 年之前的二氧化碳排放发展趋势进行动态研究，并分析全球主要排放大国的二氧化碳排放格局及分阶段的国家历史累积与人均历史累积二氧化碳排放量，其中人口、GDP、能源结构等直接对应模型相应变量；工业化进程呈现为全要素生产率变化；城镇化率、产业结构包含在工业化进程中。

5. 总结研究结论并提出相关建议。总结全书研究内容，提出相应的对策建议，并总结本书的不足及展望。

二、研究方法

如图 1-1 所示，本书综合运用国际政治经济学、可持续发展经济学、气候变化经济学、生态学、微观经济学、宏观经济学等学科研究手段和方法，注重不同学科研究方法的交叉融合，强调定量与定性、理论与实证相结合的研究方法。具体来说，本书将运用以下方法开展研究。

1. 文献研究方法。以中国知网、维普、万方等中文文献库以及 Web of Science、Wiley Online、Science Direct 等英文文献库为主要文献来源，系统梳理影响碳排放趋势的社会经济关键因素，从而确定我国二氧化碳排放趋势的影响因素。

2. 计量经济学方法。运用成分数据的对数比和球面降维方法及新陈代谢 GM（1，1）模型计算我国能源结构发展趋势，并且采用 Logistic 增长模型、新陈代谢 GM（1，1）模型、经济回归模型等方法综合预测我国城镇化率发展趋势。

3. 一般均衡模型。基于多区域、多部门的动态全球一般均衡模型，根据我国社会经济发展的不同趋势，模拟并对比了在不同政策情景下我国二氧化碳排放发展趋势，并分析全球二氧化碳排放格局及主要碳排放国家分阶段的国家与人均累积二氧化碳排放量。

4. 专家咨询法。通过咨询可持续发展经济学、生态文明研究、全球环境治理、国际政治经济学、气候变化经济学等领域的相关专家及国家官员等众多专家，分析并确定研究背景与选题意义，以及关键的社会经济因素进而研判我国二氧化碳发展趋势。

5. 归纳分析法。一方面通过分析全球碳排放的发展现状、特征及其发展趋势，归纳关键的社会经济因素；另一方面系统梳理本书的主要研究结论，总结存在的不足之处。

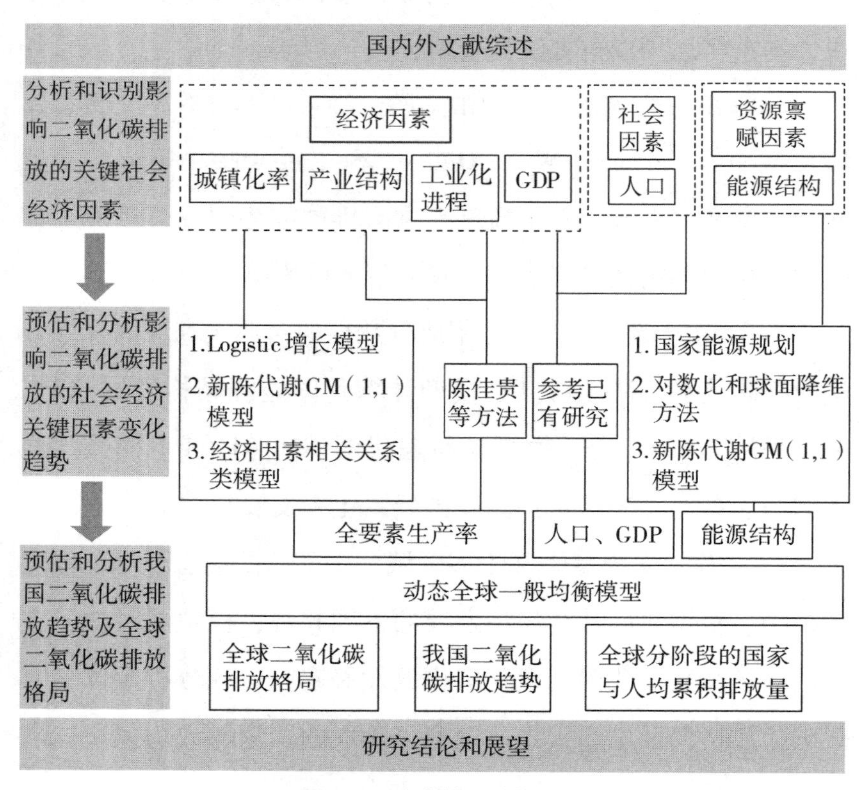

图 1-1　本书的研究框架

三、主要创新点

聚焦社会经济发展我国的二氧化碳排放趋势研究，与现有研究相比，本书的创新点主要体现在以下几个方面。

第一，在研究方法方面，本书重点分析了“城镇化进程”“工业化进程”等影响碳排放趋势的关键社会经济因素的变化趋势，通过合理分析，更加科学地确定关键因素数值，并将其与动态全球一般均衡模型连接，以全球的角度预测在我国不同阶段社会经济发展水平的基础上，国外经济体与我国之间相互反馈效应下我国未来二氧化碳发展趋势。

第二，在研究内容方面，本书基于包含能源环境模块的动态全球一般均衡模型预估了我国二氧化碳排放趋势，从流量角度分析了全球主要国家和地区未来排放格局，从存量角度测算了全球主要排放国家分阶段的国家历史累积与人均历史累积二氧化碳排放量，从而体现我国社会经济发展的阶段性以及不同阶段社会经济发展与碳排放水平，突出我国承担国际义务的能力与责任。

第二章

理论基础与国内外文献综述

目前，我国作为全球第一碳排放国，二氧化碳排放年均增量占比最多，较多国内外学者重点研究了我国碳排放趋势。本书在分析理论基础后，针对目前关于我国碳排放趋势研究的文献从方法学、关键因素、主要结论等方面进行了对比研究，更加深入地分析和了解不同机构对我国中长期碳排放趋势的判断，为下一步开展碳排放趋势预估的研究奠定基础。

第一节　理论基础

一、生态文明的自然价值理论

生态文明的自然价值理论的提出是由于随着人类与自然的关系从崇拜自然到改造自然，再到征服自然的发展，世界经济水平大幅提高，短短几百年创造的财富比以前几个世纪所创造的财富多得多，然而环境问题却愈演愈烈，不仅酸雨泛滥、气候变暖、土地沙漠化加剧，而且生物多样性减少、森林毁损、环境污染。这主要在于传统发展模式及理论的价值观是功利主义的，即只有对人类有用的才具有价值，价值测度和分配都是劳动尺度，即只有劳动产品才具有价值，只有劳动者才有权利分配剩余价值；实现的目标是利润最大化或成本最小化，即一切为了收益或财富，而且收益或财富越多越好，与此对应成本越小越好；不考虑环境容量与约束，生产方式是线性的，即生产过程是从原料—生产—产品—废料，消费模式是铺张浪费和奢华的。[①] 这意味着虽然自然是人类赖以生存和活动的场所，但是由于自然资源被认为是无限的，本身是几乎没有价值的，而仅仅具有为人类提供产品和服务的价值即工具价值（消费性价值），如经济价值、消费价值、文化价值等，正如著名经济学家威廉·配第（William Petty）所说，“劳动是财富之父，土地是财富之母”。因此，人类对自然采取了无节制的索取和过度消耗的态度，导致对自然的索取超出了自然生产力的上限，进而导致自然资产数量的减少，带来严重的环境问题，面临不可持续发展的严峻形势。

实际上，环保理念并不是一直没有的，而是早就存在于古

① 潘家华．自然参与分配的价值体系分析［J］．中国地质大学学报（社会科学版），2017，17（4）：1-8.

代哲学思想中，2000多年前的中国春秋战国时代，在宏观和微观方面均有相关论述，其中前者包括先天地而后万物、阴阳两仪、天人合一、五行相生相克，后者包括珍惜资源、顺从天性，否则就受到上天惩罚等，除此之外，中国古代还颁布了环保法令，设有环保机构，其他古代文明也有类似的哲学思想。

20世纪30年代至70年代世界八大环境公害事件的发生、环保运动的兴起以及生态学和环境科学的出现，增加了人们对环境问题及其危害的了解和认识。人们开始对传统发展模式进行反思，探索可持续发展甚至生态文明发展模式，而且对自然的价值也不仅仅停留在被人类所需要或定义的价值方面。相对传统人类中心主义，现代人类中心主义逐渐从强势人类中心主义过渡到弱势人类中心主义，即由只看到自然满足人类需要的工具价值进而肆意掠夺自然过渡到任何破坏自然、破坏人和自然关系的行为是不合理的、不道德的，以默迪为代表的环境伦理思想家也开始认为自然拥有内在价值，即自然为了自身生存、延续、运转而具有的一个独立的本体价值。但是，现代人类中心主义仍旧是从人类角度出发的，承认自然的内在价值是为了更好地服务人类。随后的动物解放/动物权利论、生物中心主义对自然价值的差异化区分也没有为保护自然提供可靠的理论依据。①

① 余谋昌．自然价值论［M］．西安：陕西人民教育出版社，2003.

作为环境伦理学之父，美国学者霍尔姆斯·罗尔斯顿（Holmes Rolston）提出了自然价值理论，强调了自然的内在价值，终于跳出了只被看作人的手段和工具的思维局限。[①] 罗尔斯顿认为自然具有14种价值[②]，可以分为三类，即工具价值、内在价值、系统价值。其中，工具价值是指自然具有为人类提供产品和服务的价值，如经济价值、消遣价值、审美价值、历史价值等，这是人类主观赋予自然的价值，也是传统发展理论所遵循的原则；内在价值是指自然为了自身生存、延续、运转而具有的一个独立的本体价值，如基因多样化价值、环境稳定性价值等，这种价值是不由人类定义或给予的，是一种不需要以任何事物作为参考，客观的价值；系统价值是指自然具有作为生命共同体的价值，该价值不是自然为了自身发展的价值，而是为了其他物种生存以及协调发展的价值，如多样性价值等。

随后，学者也对自然价值进行了类似的定义，如刘福森和宋文新[③]将自然价值分为消费性价值（使用价值）和生态价值，前者是指前文所述的工具价值，后者是指前文所述的内在

① 罗尔斯顿．环境伦理学［M］．杨进通，译．北京：中国社会科学出版社，2000.

② 即生命支撑价值、经济价值、消遣价值、科学价值、审美价值、基因多样化价值、历史价值、文化象征价值、塑造性格的价值、辩证价值、稳定和自发性价值、多样性和统一性价值、生命价值、宗教价值。

③ 刘福森，宋文新．价值观的革命：可持续发展观的价值取向［J］．吉林大学社会科学学报，1999（2）：58-65，94.

价值和系统价值；余谋昌①②认为自然价值分为外在价值和内在价值，其中外在价值分为商品价值和非商品价值，内在价值分为固有价值和系统价值；Turner③ 等人将自然价值分为使用价值和非使用价值，其中非使用价值包括代内价值、代际价值、管理价值；De④ 等人认为生态系统服务价值主要有三种，分别为内在生态价值、社会文化价值、经济价值；Pascual⑤ 等人认为自然具有非人类中心价值（内在价值）和人类中心价值，包括工具价值及相关价值；Bastien-Olvera 和 Moore⑥ 认为自然价值分为使用价值和非使用价值，前者表示自然系统投入经济活动的价值，如红树林为沿海城市提供的防洪效益或用于生产市场商品的原材料，后者表示来自自然系统和物种存在的价值，即使在没有任何直接使用或消费的情况下也是如此，主

---

① 余谋昌．自然价值论是环境伦理学的基础理论［J］．阴山学刊，2011，24（1）：15-20.

② 余谋昌．从自然价值理论到多价值管理［J］．人与生物圈，2017（4）：60-61.

③ TURNER R K，PAAVOLA J，COOPER P，et al. Valuing nature：lessons learned and future research directions［J］. Ecological Economics，2003，46（3）：493-510.

④ DE CROOT R S，ALKEMADE R，BRAAT L，et al. Challenges in integrating the concept of ecosystem services and values in landscape planning，management and decision making［J］. Ecological Complexity，2010，7（3）：260-272.

⑤ PASCUAL U，BALVANERA P，DIAZ S，et al. Valuing nature's contributions to people：the IPBES approach［J］. Current Opinion in Environmental Sustainability，2017（26-27）：7-16.

⑥ BASTEN-OLVERA B A，MOORE F C. Use and non-use value of nature and the social cost of carbon［J］. Nature Sustainability，2021，4：101-108.

要的非使用价值分为存在价值（某些物种或生态系统存在的价值）和遗产价值（后代从自然系统中获得福利的能力）；Jones-Walters 和 Mulder① 认为自然价值分为使用价值和非使用价值，其中使用价值包括商品生产（海鲜和木材）、生命支持过程或调节功能（授粉或水净化），以及满足生活条件或文化和宗教功能，非使用价值包括存在价值和遗产价值，遗产价值是将资源传递给后代的价值。当个人对一项资产进行估值时，他们即使永远不会直接看到或使用它，存在价值也会产生。

综上所述，自然价值主要分为两种。一种是使用价值，也称工具价值、消费性价值等，是指自然为人类提供产品和服务的价值，又分为商品价值和非商品价值。其中商品价值是自然的经济价值，非商品价值是自然的审美价值、文化价值、历史价值、宗教价值、医学价值等。另一种是非使用价值，也称生态价值，是指自然不以人类利益作为评判的价值，自身具有的价值，又分为存在价值和遗产价值。前者分为内在价值和系统价值，其中内在价值是指自然为了自身生存、延续、运转而具有的一个独立的本体价值，系统价值是指自然具有作为生命共同体的价值。后者指后代从自然系统中获得福利的价值。

随着自然生态价值理论的提出，生态文明形态包括发展理

---

① JONES-WALTERS L, MULDER I. Valuing nature: The economics of biodiversity [J]. Journal for Nature Conservation, 2009, 17 (4): 245-247.

念和约束条件，这些经济发展的底层逻辑均会发生转变。[①] 其中伦理认知是尊重自然、顺应自然，寻求人与自然的和谐；价值测度为劳动和自然，以按劳分配+自然价值再生产；社会关系是互利共赢、和谐共生；目标函数是社会福利和可持续发展；考虑环境容量与约束，制度设计多关注人和自然；技术创新关注生态效率，以可持续为导向；生产方式是循环再生；消费模式是绿色、低碳、健康、品质。[②]

二、公共物品理论

公共物品定义是萨缪尔森（Samuelson）于 1954 年在其发表的文章《公共支出的纯理论》中首次提出的，随着詹姆斯·布坎南（James Buchanan）、曼瑟·奥尔森（Mancur Olson）等学者从不同对象、不同角度对公共物品进行了研究，逐渐形成了公共物品理论。一般来说，公共物品是指可以供全社会共同享用的物品。

大气空间的使用不受领土、领空、领海等客观因素限制，具有纯公共物品属性，即同时具有非排他性和非竞争性。这意味着全球任何一个国家、一个人都可以消费，可以从气候治理

① 张永生．为什么碳中和必须纳入生态文明建设整体布局：理论解释及其政策含义［J］．中国人口·资源与环境，2021，31（9）：6-15.

② 潘家华．自然参与分配的价值体系分析［J］．中国地质大学学报（社会科学版），2017，17（4）：1-8.

中得到平等的益处，并且为额外消费者提供这一物品所带来的边际成本为零，同时也无法排除其他人消费，或者排除成本很高。然而，温室气体在世界范围内无差别累积，使气候变化的影响涉及每一个人、每一个物种，尤其是特定地区或群体，具有一定的准公共物品、局地性特征。这意味着应对气候变化的排放性成本很高，不是每个人都愿意且平等支付减排成本。因此，气候变化治理形成的大气空间的物品效用被采取和未采取治理行动的国家平等享受，而后者却没有尽到治理义务，这种义务与权利之间的不匹配产生了“搭便车”现象，进而产生市场失灵问题，无法通过市场达到帕累托最优效率。除此之外，私人决策者根据成本最小化或收益最大化原则过度使用大气这个公共资源，导致温室气体浓度不断增加，气候变化影响无限恶化，造成“公地悲剧”，进而导致每一个国家、每一个经济体都因此受损。

因此，为了应对公共物品产生的“搭便车”和“公地悲剧”问题，公共物品可以由政府或私人供给，也可以由政府和私人共同供给。这意味着作为应对气候变化的重要方面，减少温室气体排放，一方面可以通过征税和产权界定等将成本收益对等化，另一方面鉴于减排具有全球性，而现实中不存在超越国家主权的“世界政府”，并且任何国家都无法单独解决该问题，这意味着需要全球合作。

三、外部性理论

外部性概念最早源于新古典经济学派的代表马歇尔（Alfred Marshall）在1890年的著作《经济学原理》中提出的“外部经济”。随后，福利经济学之父庇古（Pigou）、新制度经济学的奠基人科斯（Ronald H. Coase）、公共选择理论的代表人物布坎南均研究了外部性。外部性又称为溢出效应、外部影响、外部效应，是指一个人或一群人的行动和决策使另一个人或一群人受损或受益，而后者无需承担成本或得到补偿的情况，即未以价格将其经济成本或效益进行反映，导致私人成本与社会成本、私人收益与社会收益出现偏离。

气候变化作为典型的“全球性环境问题”，影响每一个个体，包括个人、企业、国家、集团等。气候变化以气候变暖为显著特征。大气中温室气体浓度的升高是导致全球气候变暖的主要原因，自1750年以来，人们观察到的温室气体浓度的增加无疑是由人类活动引起的。[①] 大气空间属于公共物品，全球每一个国家的经济活动均会产生温室气体，在产权不明晰或缺乏相关制度的情况下，各个国家应对气候变化的社会边际成本与私人边际成本、社会边际收益与私人边际收益呈现不一致，出现了外部性问题。其中，温室气体的污染具有负外部性，即

① IPCC. Climate change 2021: The physical science basis [R]. New York: IPCC, 2021.

产生温室气体的国家的理性经济人决策是由私人边际成本与私人边际收益原则决定的，没有考虑并承担治理成本，却获得了全部的产品收益，而由于温室气体的扩散在全球是无差别的，使没有得到产品收益的国家却也面临环境问题。与此相对应，应对气候变化收益的正外部性由全球共享，即采取治理行动的国家支付了治理成本，使大气中的温室气体浓度不断下降，而这种下降在全球具有一致性，使未采取治理行动即未支付治理成本的国家也享受到了良好的环境、清洁的空气等。所以，不论是温室气体污染的负外部性，还是治理收益的正外部性，均表明气候变化具有强大外溢效应和市场失灵特征，并意味着市场经济在价格机制、供求机制、竞争机制三大机制下无法很好地解决气候变化问题，存在无效率现象。造成这一现象的主要原因是限于人类社会的认知水平和传统的工业文明经济思想，长期以来排放温室气体的经济行为体不需要将气候环境的治理成本纳入其成本收益框架内，即不需要承担温室气体排放带来的社会新增成本。每个经济体如果均采取上述行为，就会加速污染物的积累并造成整体的“外部不经济”。

第二节 碳排放趋势研究的方法学

我们现有碳排放趋势研究采用的方法主要可以分为基于优

化模型的碳排放趋势研究和基于非优化模型的碳排放趋势研究两大类。

一、基于优化模型的碳排放趋势研究

优化模型是指以实现多个优化目标，如效用最大化、成本最小化、利润最大化等，并形成局部或一般均衡而构建的模型。碳排放趋势研究的优化模型主要有 IAM、GCAM、IPAC、AIM、IAMC、LEAP、MESSAGE、MARKAL、CGE、PECE、IES-OCEM、IMAGE、MARIAM、MiniCAM、NGBM、GCAM、WITCH 等及其混合模型 MARKAL-MACRO、IPAC-CGE、DNE21 等[①]（见表 2-1），主要研究全球或国家碳排放。这些模型主要分为两类：一类是多以能源系统成本最小为目标函数的局部优化模型，如 GCAM、MESSAGE、PECE、ETSAP-TIAM；另一类是以经济、社会、能源全局优化的一般均衡模型，如 CGE、RE-

① LI J F，MA Z Y，ZHANG Y X，et al. Analysis on energy demand and CO_2 emissions in China following the Energy Production and Consumption Revolution Strategy and China Dream target ［J］. Advances in Climate Change Research，2018，9（1）：16-26；LUGOVOY O，FENG X Z，GAO J，et al. Multi-model comparison of CO_2 emissions peaking in China：Lessons from CEMF01 study ［J］. Advances in Climate Change Research，2018，9（1）：1-15；张颖，王灿，王克，等．基于 LEAP 的中国电力行业 CO_2 排放情景分析 ［J］. 清华大学学报（自然科学版），2007（3）：365-368；周伟，米红．中国能源消费排放的 CO_2 测算 ［J］. 中国环境科学，2010，30（8）：1142-1148；刘宇，陈诗一，蔡松锋．2050 年全球八大经济体 BAU 情境下的二氧化碳排放：基于全球动态能源和环境 GTAP-Dyn-E 模型 ［J］. 世界经济文汇，2013（6）：28-38.

MIND、WITCH、PIC-Macro。两类模型均得到了广泛应用。

任何一个模型都有优点和不足之处，优化模型也不例外。优化模型的优点是基于经济、社会、环境的全局或局部优化性，可以评估这三大领域中任何一个变量变动对其所在领域及其他领域的直接影响和间接影响。优化模型的不足之处也是显然的，庞大的模型中必然有较多参数，这就要求科学、准确地进行数据判断，否则方向与大小的些微差别就可能出现截然相反的结果。模型中的参数一般情况下是固定的，这意味着选择输入的数据不是随意的，必须为模型设定参数，对模型未涉及的影响因素只能间接转化为已有参数代入模型，否则就会造成这些影响因素的缺失。

表 2-1 碳排放趋势研究的主要优化模型及其介绍

模型	时间范围	研究区域	模型结构	目标函数
GEM-E3	—	全球（区域非固定）	Recursive CGE	General Equilibrium
CGE	不限	全球（区域非固定）	General equilibrium	Consumption/utility maximization, Profit maximization, Supply-demand balance et al.
GCAM	2010—2100 年	全球（分为 32 区）	Recursive dynamic, Partial equilibrium	Minimize social costs

续表

模型	时间范围	研究区域	模型结构	目标函数
IMAGE	2005—2100 年	全球（分为 26 区）	Recursive dynamic, Partial equilibrium	Minimize social costs
WEM	2012—2040 年	全球（分为 19 区）	Simulation model, partial equilibrium	Supply-demand balance
AIM-Enduse	2010—2050 年	全球（分为 12 区）	Recursive dynamic, partial equilibrium	Minimize annual cost
MESSAGE	2010—2100 年	全球（分为 11 区）	Dynamic linear Programming	Minimize total discounted cost of energy system
DNE21	2010—2100 年	全球（分为 10 区）	Dynamic non-linear optimization, "Bottom-up" supply side, "Top down" end-use	Cost minimization
POLES	截至 2050 年	7 大区域，11 小区域，32 个国家	Simulation model, partial equilibrium	Supply-demand balance
PIC-Macro	—	国家	Econometric general equilibrium (REMI-CGE)	—
SIC-IIS (IIS)	—	国家	Bottom-Up partial equilibrium cost-minimizing	—
China MARKAL/TIMES	2010—2050 年	中国	Recursive dynamic partial equilibrium linear programming	Minimize total discounted cost of energy system
DDPP	2010—2050 年	中国	Bottom-up non-linear technology optimization model	Supply-demand balance

续表

模型	时间范围	研究区域	模型结构	目标函数
PECE	2010—2050年	中国	Bottom-up non-linear technology optimization model	Minimize total discounted cost of energy system
ETSAP-TIAM	2005—2100年	—	Recursive dynamic, Partial equilibrium	Minimize total discounted cost of energy system
MERGE	1990—2100年	—	Inter-temporal general equilibrium optimization	Consumption/utility maximization
REMIND	2005—2100年	—	General equilibrium	—
WITCH	2005—2100年	—	General equilibrium	—

资料来源：Grubb 等①、Lugovoy 等②、Liu 等③。

二、基于非优化模型的碳排放趋势研究

相对优化模型而言，非优化模型是不以多个优化目标作为约束条件而建立或者未构成均衡的模型。碳排放趋势研究的非

① GRUBB M, SHA F, SPENCER T, et al. A review of Chinese CO_2 emission projections to 2030: the role of economic structure and policy [J]. Climate policy, 2015, 15: S7-S39.

② LUGOVOY O, FENG X Z, GAO J, et al. Multi-model comparison of CO_2 emissions peaking in China: Lessons from CEMF01 study [J]. Advances in Climate Change Research, 2018, 9 (1): 1-15.

③ LIU Q, GU A L, TENG F, et al. Peaking China's CO_2 Emissions: Trends to 2030 and Mitigation Potential [J]. Energies, 2017, 10 (2): 209.

优化模型主要有 Kaya 恒等式、环境库兹涅茨曲线（EKC）、灰色模型、IPAT 模型、离散二阶差分算法（DDEPM）、SSJ 模型、STIRPAT 模型等,[①] 这些模型选择的碳排放影响因素由单一的历史碳排放逐渐覆盖经济、社会、环境，主要研究单个国家或省域碳排放。DDEPM、灰色模型是完全依靠历史碳排放数据进行的预测，结果很客观，但是完全没有考虑其他影响碳排放趋势变化因素的变动，预估结果稍显不全面。环境库兹涅茨曲线假说相对 DDEPM，考虑了经济发展水平与环境污染之间的倒 U 形关系，但是假说在发展中国家是否存在学术界，还没有一致结论，如赵忠秀等人认为经典 EKC 曲线预测碳排放在拐点预测是有效的，其他因素如能源结构、消费结构、生产结构、贸易结构、技术水平、政策等对碳排放拐点的预测影响不是显著的。[②] 林伯强和蒋竺均通过对比能源需求和能源结构预测得到的碳排放与人均收入的 EKC 曲线与传统 EKC 的拐点，发现前者没有拐点，而后者拐点在 2020 年左右。他们认为除了人均收入外，能

---

① PAO H T, FU H C, TSENG C L. Forecasting of CO_2 emissions, energy consumption and economic growth in China using an improved grey model [J]. Energy, 2012, 40 (1): 400-409; YUAN J H, YAN X, ZHENG H, et al. Peak energy consumption and CO_2 emissions in China [J]. Energy Policy, 2014, 68: 508-523; 林伯强，蒋竺均. 中国二氧化碳的环境库兹涅茨曲线预测及影响因素分析 [J]. 管理世界, 2009 (4): 27-36; 朱永彬，王铮，庞丽，等. 基于经济模拟的中国能源消费与碳排放高峰预测 [J]. 地理学报, 2009, 64 (8): 935-944.

② 赵忠秀，王苒，HINRICH V，等. 基于经典环境库兹涅茨模型的中国碳排放拐点预测 [J]. 财贸经济, 2013 (10): 81-88, 48.

源强度、产业结构和能源消费结构都对二氧化碳排放有显著影响，特别是能源强度中的工业能源强度。[①] 在此基础上，IPAT模型不仅考虑了财富（A），还考虑了人口（P）和技术（T），即$I = A \times P \times T$，也有学者将IPAT模型进一步扩展为Kaya恒等式，即排放=人口×人均GDP×能源强度×单位能耗排放量，这意味着每一个因素对碳排放的影响是一样的，显然刻画的碳排放趋势有些不准确。在考虑碳排放趋势影响因素弹性不一致的情况下，IPAT发展为STIRPAT模型，即$I = a \times P^b \times A^c \times T^d \times e$。显然，IPAT、STIRPAT模型、Kaya恒等式均没有考虑产业结构、能源结构等深层次的碳排放驱动因素。随后，能源结构、工业结构、城镇化率、劳动参与率、对外贸易等因素逐渐被考虑。一方面是运用改进的STIRPAT模型、IPAT模型、Kaya模型，将这些变量通过分解已有指标引入模型，需要注意的是随着影响因素的不断添加，自变量之间可能造成多重共线性，目前最主要的处理方式是偏最小二乘法、主成分分析。另一方面是通过马尔科夫概率分析法预测能源结构，将城镇化率、工业结构等影响因素内嵌在能源消费总量的测算中进而得到碳排放趋势，如林伯强和蒋竺均对GDP、产业结构、城镇化率、能源效率、煤炭价格指数增长率（预测中不考虑变动）等碳排放影响因素

① 林伯强，蒋竺均．中国二氧化碳的环境库兹涅茨曲线预测及影响因素分析[J]．管理世界，2009（4）：27-36.

进行计量分析预测碳排放趋势。① 朱永彬等人、王铮等人在人口、劳动参与率、能源强度、资本折旧率、全要素生产率等趋势研究下通过内生经济增长模型得到 GDP 的最优增长率，最后以最优增长率和能源强度的乘积测算能源需求总量，进而预估碳排放量。②③ 因此，非优化模型可以很直观且直接反映某一个因素对碳排放的影响，但也存在无法全面反映碳排放影响因素对经济、社会、环境全局影响的不足。

综上所述，现有文献针对碳排放趋势研究的优化模型和非优化模型均得到了广泛应用，前者主要研究全球及国家碳排放量，后者主要研究单个国家或省域碳排放量。两类模型均有优势和不足。本书在考虑宏观经济与能源系统融合、全球碳排放格局分析、模型使用便利性等条件下，采用优化模型中的动态全球一般均衡模型研究我国碳排放趋势。

第三节　关键因素与碳排放趋势研究

我们系统分析和梳理现有碳排放趋势发现，影响碳排放趋

① 林伯强，蒋竺均．中国二氧化碳的环境库兹涅茨曲线预测及影响因素分析［J］．管理世界，2009（4）：27-36.

② 朱永彬，王铮，庞丽，等．基于经济模拟的中国能源消费与碳排放高峰预测［J］．地理学报，2009，64（8）：935-944.

③ 王铮，朱永彬，刘昌新，等．最优增长路径下的中国碳排放估计［J］．地理学报，2010，65（12）：1559-1568.

势的社会经济关键因素主要分为三类：一类是经济因素，包括国内生产总值（国内生产总值增长率）、产业结构、城镇化率等；二类是社会因素，包括人口（人口增长率）等；三类是资源禀赋因素，包括能源结构等。

一、经济因素与碳排放趋势研究

碳排放趋势研究采用的经济因素主要包括国内生产总值、产业结构、城镇化率，我们下文将对这三类经济因素进行分析。

（一）国内生产总值与碳排放趋势研究

经济增长需要能源，经济的快速增加需要更多的能源，也会直接带来更高的碳排放。现有文献一般都会考虑未来 GDP 对碳排放的影响，有 GDP 绝对值和 GDP 增长率两种方式，主要采用 GDP 增长率。GDP 增长率的未来情景预估存在较大差异（图 2-1），以 10 年为一个阶段来看（从 2010 年开始计算），2030 年的 GDP 一般是 2010 年的 2.6~4.2 倍，2040 年的 GDP 一般是 2010 年的 3.7~5.9 倍，2050 年的 GDP 一般是 2010 年的 5.2~7.6 倍，呈现时间越靠后，预测不确定性越强，GDP 增长率取值不一致性越高的特征。由上可知，GDP 增长率情景设计的微小差异对能源消费和二氧化碳排放产生巨大的影响。因此，本书的 GDP 增长率预估值拟采用每个时间段的最高值、平均值、最低值进行分析。

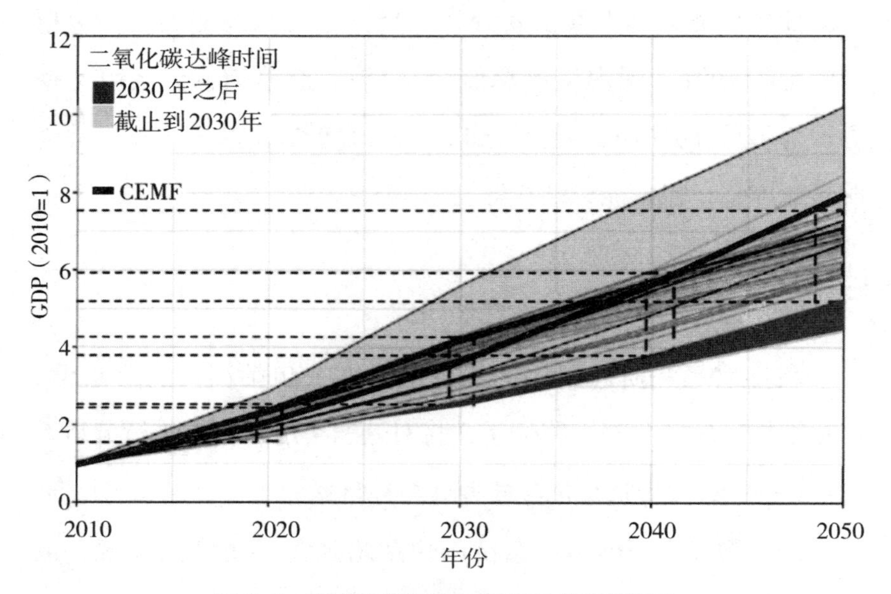

图 2-1 碳排放趋势研究中 GDP 的情景预测

资料来源：Lugovoy 等。①

（二）产业结构与碳排放趋势研究

每个产业所包含的能源密集型产品存在显著差异，对能源需求不同，进而对碳排放的影响也就不一样。第二产业所含能源密集型产品最多，意味着第二产业占比越大，产出越多，对能源需求越高，由此产生的碳排放越多。现有文献对产业结构的预估主要有两种形式，一种是对工业中能源密集型产品的产

① LUGOVOY O，FENG X Z，GAO J，et al. Multi-model comparison of CO_2 emissions peaking in China：Lessons from CEMF01 study ［J］. Advances in Climate Change Research，2018，9（1）：1-15.

出预估。从表 2-2 来看，不同文献对能源密集型产品的产出预估存在显著差异。比如，在钢铁方面，2030 年钢铁产量预估最高值为 11.80 亿吨，最低值只有 5.7 亿吨，两者相差 1 倍，2050 年预估最高值为 10.77 亿吨，是最低值 360 亿吨的 3 倍左右。另一种是对整体产业结构的预估。从表 2-3 来看，现有文献认为第一产业和第二产业的占比逐年下降，且第三产业仍是主导产业，增加到 2030 的 54%，再到 2050 年的 66.1%，是第二产业的 2 倍多。

表 2-2 碳排放趋势研究中能源密集型产品的情景预测

产品（Mt）		钢铁	水泥	合成氨	乙烯	铝	纸
2030	ERI	570	1600	50	36	16	115
	LBNL	1180	1005	43	52	17	—
	McKinsey	776	1627	75	—	—	120
	UNDP	960	1720	62	22	—	—
2050	ERI	360	900	45	33	9	120
	LBNL	1077	1083	41	55	27	124
	UNDP	800	1290	70	24	—	—

资料来源：Li 和 Qi。①

表 2-3 碳排放趋势研究中产业结构的情景预测

年份	第一产业（%）	第二产业（%）	第三产业（%）	总计
2025	7.0	42.0	51.0	100.0

① LI H, QI Y. Comparison of China's Carbon Emission Scenarios in 2050 [J]. Advances in Climate Change Research, 2011, 2 (4): 193-202.

续表

年份	第一产业（%）	第二产业（%）	第三产业（%）	总计
2030	6.0	40.0	54.0	100.0
2035	5.0	38.0	57.0	100.0
2040	4.0	35.5	60.5	100.0
2045	3.0	33.0	64.0	100.0
2050	2.4	31.5	66.1	100.0

资料来源：毕超。①

（三）城镇化率与碳排放趋势研究

能源消费受城镇化的直接影响，进而影响碳排放。城镇化的快速发展伴随着农民外出务工数量的不断增加，扩大了对城市基础设施的需求，相对过去，农民工收入的提高又会进一步促进消费，尤其是高耗能、高排放的家用汽车，所有这些都会显著增加能源消费甚至排放量。因此，城镇化率已经成为碳排放趋势研究的重要因素。我们将碳排放趋势研究预估的城镇化率按照通用的城镇化进程划分（见表 2-4），可以分为三类：一类是积极情景，认为 2030 年城镇化率水平将达到或超过 70%进入城镇化后期阶段，2040 年为 74%~75%，2050 年为 75%~79%；一类是温和情景，认为 2040 年城镇化率水平才达到 70%进入城镇化后期阶段，2030 年为 63%~65%，2040 年为

① 毕超．中国能源 CO_2 排放峰值方案及政策建议［J］. 中国人口·资源与环境，2015，25（5）：20-27.

70%，2050年为75%左右；还有一类是消极情景，认为我国2050年才将进入城镇化后期阶段，2030年为62%，2040年为66%，2050年为70%。值得注意的是，现有碳排放趋势研究采用的部分城镇化率已经低于我国2023年的城镇化率66.16%，存在数据失真现象。

表2-4 碳排放趋势研究中城镇化率的情景预测

年份	城镇化率（%）							
	ERI	IEA	LBNL	McKinsey	UNDP	毕超	林伯强和蒋竺均	尹祥和陈文颖
2025	—	—	—	—	—	67.8	—	—
2030	70	62	70	67	62	72.2	65	63.3
2035	—	—	—	—	—	73.5	—	—
2040	74	68	74	—	66	74.9	70	69.7
2045	—	—	—	—	—	75.1	—	—
2050	79	73	79	—	70	75.4	—	75.5

资料来源：Li和Qi①、毕超②、林伯强和蒋竺均③、尹祥和陈文颖④。

① LI H，QI Y. Comparison of China's Carbon Emission Scenarios in 2050 [J]. Advances in Climate Change Research，2011，2（4）：193-202.

② 毕超．中国能源 CO_2 排放峰值方案及政策建议［J］．中国人口·资源与环境，2015，25（5）：20-27.

③ 林伯强，蒋竺均．中国二氧化碳的环境库兹涅茨曲线预测及影响因素分析［J］．管理世界，2009（4）：27-36.

④ 尹祥，陈文颖．基于中国TIMES模型的碳排放情景比较［J］．清华大学学报（自然科学版），2013，53（9）：1315-1321.

二、社会因素与碳排放趋势研究

碳排放趋势研究采用的社会因素主要包括人口或人口增长率。作为消费者和生产者，人口增长会带来大量的能源需求，进而影响碳排放趋势。现有文献一般都会考虑人口增长的影响，主要有人口绝对量和人口增长率两种方式，后者形式采用较多。我们梳理文献发现，我国未来人口的预估值差异不是很大（见图 2-2 和表 2-5），近似呈现不断减少的趋势。从人口增长率来看，2030 年的人口为 2010 年的 1.03~1.13 倍，2040 年的人口为 2010 年的 1.02~1.14 倍，2050 年的人口为 2010 年的 0.97~1.1 倍；从人口绝对量来看，2030 年为 14.4 亿~15.2 亿，2040 年为 14.7 亿~15.4 亿，2050 年为 14 亿~15 亿。

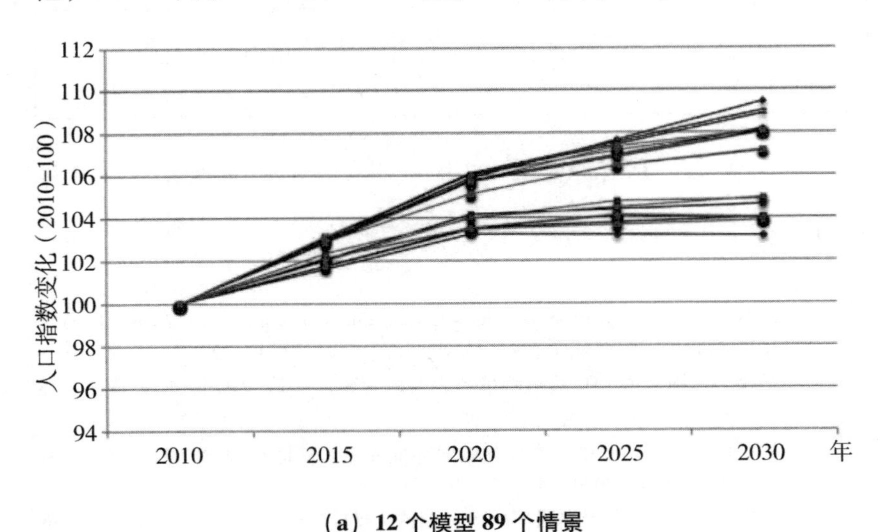

（a）12 个模型 89 个情景

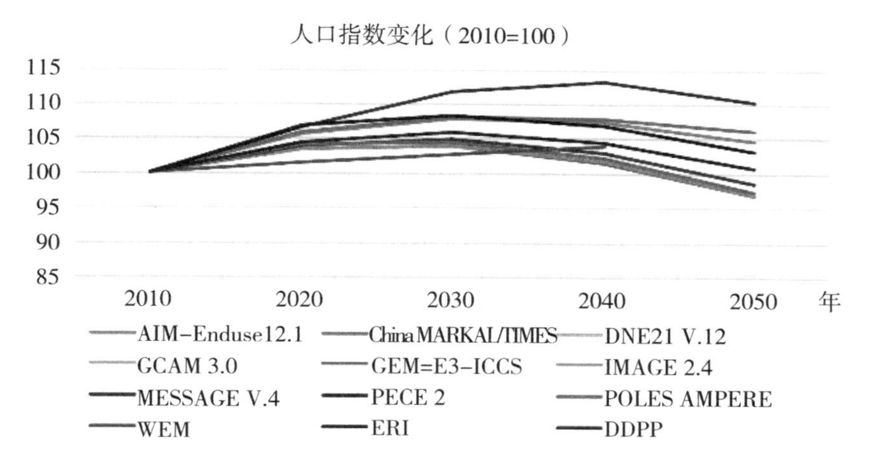

（b）12 个模型多个情景

图 2-2 碳排放趋势研究中人口增长率的情景预测

资料来源：Liu 等①、Grubb 等②（2015）、Li 和 Qi③。

表 2-5 碳排放趋势研究中人口绝对值的情景预测（百万人）

年份	ERI	IEA	LBNL	Tyndall	McKinsey	UNDP
2030	1470	1471	1460	1440	1500	1520
2040	1470	—	—	—	—	1540

① LIU Q, GU A, TENG F, et al. Peaking China's CO_2 Emissions: Trends to 2030 and Mitigation Potential [J]. Energies, 2017, 10 (2): 209.

② GRUBB M, SHA F, SPENCER T, et al. A review of Chinese CO_2 emission projections to 2030: the role of economic structure and policy [J]. Climate policy, 2015, 15: S7-S39.

③ LI H, QI Y. Comparison of China's Carbon Emission Scenarios in 2050 [J]. Advances in Climate Change Research, 2011, 2 (4): 193-202.

续表

年份	ERI	IEA	LBNL	Tyndall	McKinsey	UNDP
2050	1460	1426	1410	1400	—	1500

资料来源：Liu 等①、Grubb 等②、Li 和 Qi③。

三、资源禀赋因素与碳排放趋势研究

碳排放趋势研究采用的资源禀赋因素主要包括能源结构，能源结构直接且显著影响碳排放。1985 年以来，石油、煤炭、天然气等化石能源一直是全球能源消费最多的能源。④ 我国作为煤炭资源大国，更不例外。近几年，我国煤炭消费量在能源消费总量的占比虽在下降，但仍然很高，2022 年达到 56.2%。⑤ 煤炭等化石能源的碳排放系数显著高于其他非化石能源，因此，在能源消费量一定的情况下，能源结构的调整也会显著影响碳排放。现有文献关于能源结构的预估一般是煤炭占比不断下降，非化石能源占比不断提高，不同时间段下降和

① LIU Q, GU A, TENG F, et al. Peaking China's CO_2 Emissions: Trends to 2030 and Mitigation Potential [J]. Energies, 2017, 10 (2): 209.

② GRUBB M, SHA F, SPENCER T, et al. A review of Chinese CO_2 emission projections to 2030: the role of economic structure and policy [J]. Climate policy, 2015, 15: S7-S39.

③ LI H, QI Y. Comparison of China's Carbon Emission Scenarios in 2050 [J]. Advances in Climate Change Research, 2011, 2 (4): 193-202.

④ British Petroleum (BP). BP Statistical Review of World Energy [EB/OL]. British Petroleum, 2019-06.

⑤ 数据来自国家统计局官网.

提高的幅度差异很大（见图 2-3）。2030 年，煤炭在一次能源消费总量中的占比为 40%～68%，2040 年为 35%～65%，2050 年为 28%～62%，在很多情景中，煤炭已经不是我国占比最大的能源。2030 年，非化石能源在一次能源消费中占比为 7%～35%，范围几乎为我国 2030 年（20%）能源结构规划（国家发展和改革委员会，2017）的 2 倍，[①] 2040 年为 10%～40%，2050 年为 12%～49%，在最积极情景中，非化石能源到 2050 年仍然没有超过 50%，未达到我国 2050 年能源结构规划。

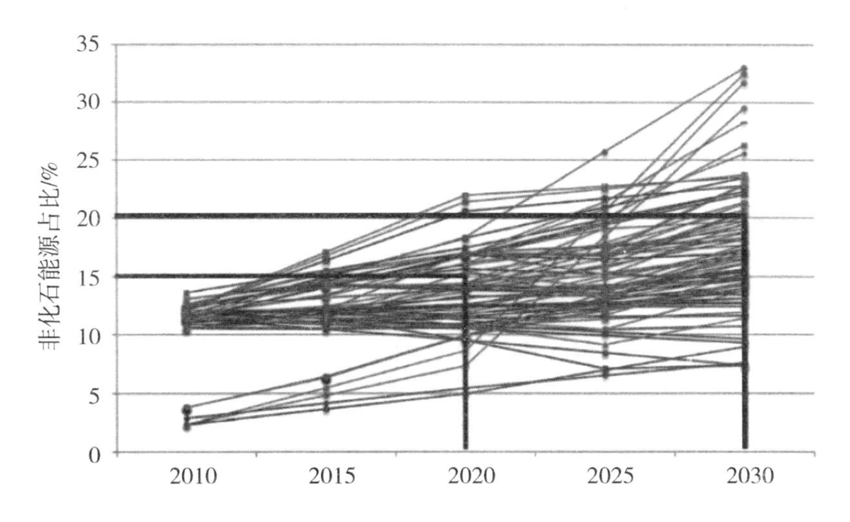

（a）2010—2030 年一次能源消费中非化石能源占比

① 国家发展改革委和国家能源局．两部门印发《能源生产和消费革命战略（2016—2030）》[EB/OL]．中国政府网，2017-04-25.

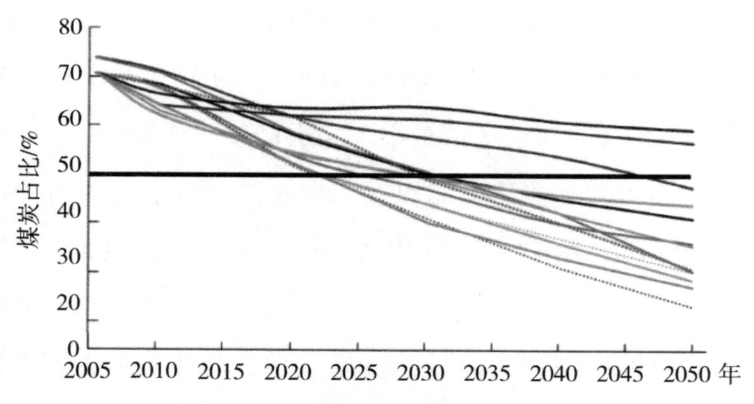

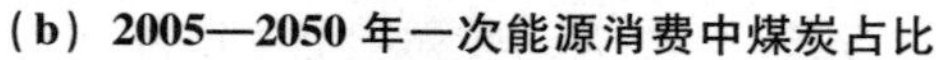
（b）2005—2050 年一次能源消费中煤炭占比

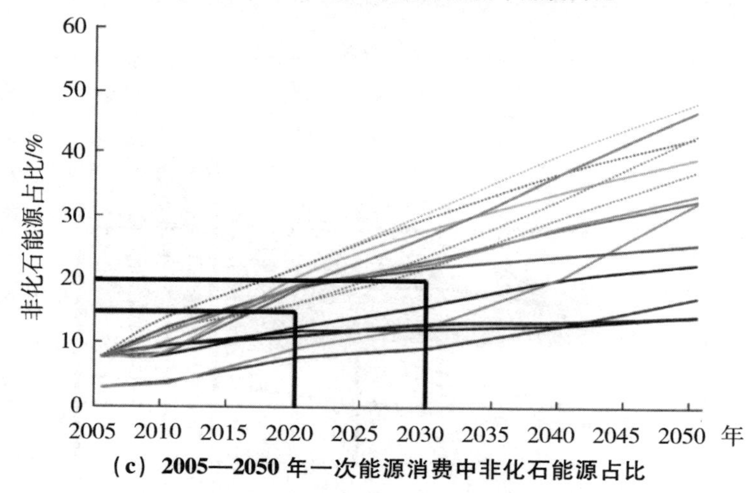

（c）2005—2050 年一次能源消费中非化石能源占比

图 2-3　碳排放趋势研究中能源结构的情景预测

资料来源：Li 和 Qi①、Grubb 等②。

---

① LI H, QI Y. Comparison of China's Carbon Emission Scenarios in 2050 [J]. Advances in Climate Change Research, 2011, 2 (4): 193-202.

② GRUBB M, SHA F, SPENCER T, et al. A review of Chinese CO_2 emission projections to 2030: the role of economic structure and policy [J]. Climate policy, 2015, 15: S7-S39.

第四节　碳排放趋势研究的主要结论

由上文分析可知，不同学者在碳排放趋势研究选择的方法学、关键因素及数值等方面存在不同的差异，因此，他们在研究期内得到的碳排放趋势也会不同。对碳排放趋势的研究结论，两个关键要素为碳排放的峰值时间和峰值大小。我们下面将从这些方面分析碳排放趋势研究的主要结论。

一、碳排放趋势研究的峰值时间

我国碳排放峰值时间存在不一致性（见图 2-4），根据学者研究期内的碳排放峰值时间出现的早晚可以分为未出现峰值、2030 年之前出现峰值、2030—2040 年出现峰值、2040 年之后出现峰值。研究期内未出现碳排放峰值的分析一般具有预测时间较短、选择影响因素较简单等特点（见表 2-6）。研究期内出现峰值的研究一般研究期较长（多为 2050 年），选择影响因素较全面。峰值在 2030 年之前出现的研究一般对影响因素的未来趋势发展持积极态度，如姜克隽等人认为我国“十二五”末或“十三五”期间大部分高耗能产品达到峰值并下降，2020 年光伏发电装机达到 1.5 亿 kW（2015 年目标是 4300 万 kW），2020 年 GDP 达到现价 110 万亿元，实行碳税、碳交易等碳定价政策等；[①] 柴麒敏和徐华清认为全球气候制度建设和低碳产业发展将超过一般预期，经济将绿色转型、能效和低碳能源技术快速发展，碳捕获技术2020年后将启用等；[②] 刘宇等人设置了严格的节能目标，并考虑了征收碳税情景；[③] 渠慎宇和郭朝先设置情景为各变量较低的增长率和较高的技术进步。[④] 峰值在2030—2040年出现的研究相对2030年之前的情景设置则较为温和，一般以国家规划、国内机构的预测值作为目标。峰值在2040年之后出现的研究中，情景参数设计均相对消极，如渠慎宇和郭朝先将各变量确定为较低的增长率且无技术进步。[⑤]

① 姜克隽，贺晨旻，庄幸，等．我国能源活动CO_2排放在2020—2022年之间达到峰值情景和可行性研究［J］．气候变化研究进展，2016，12（3）：167-171.

② 柴麒敏，徐华清．基于IAMC模型的中国碳排放峰值目标实现路径研究［J］．中国人口·资源与环境，2015，25（6）：37-46.

③ 刘宇，蔡松锋，张其仔．2025年、2030年和2040年中国二氧化碳排放达峰的经济影响：基于动态GTAP-E模型［J］．管理评论，2014，26（12）：3-9.

④ 渠慎宁，郭朝先．基于STIRPAT模型的中国碳排放峰值预测研究［J］．中国人口·资源与环境，2010，20（12）：10-15.

⑤ 渠慎宁，郭朝先．基于STIRPAT模型的中国碳排放峰值预测研究［J］．中国人口·资源与环境，2010，20（12）：10-15.

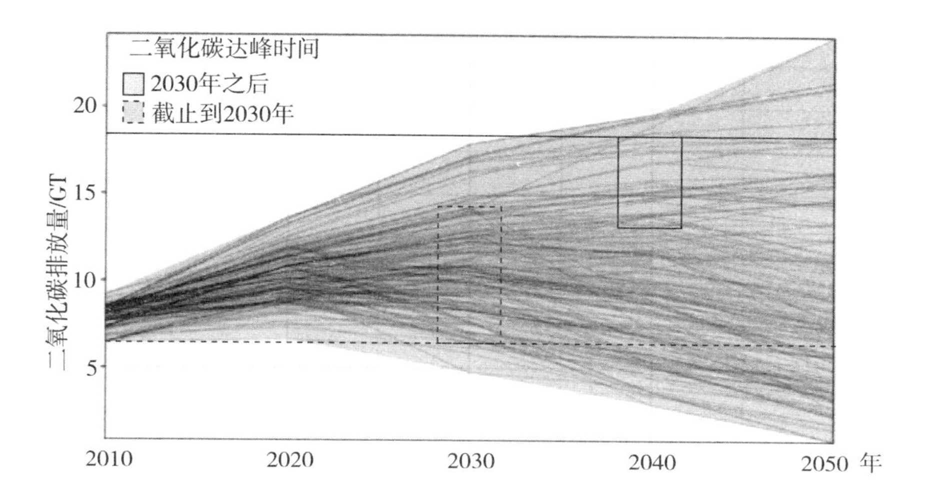

图 2-4 碳排放趋势研究中峰值时间和峰值大小

资料来源：Lugovoy 等。①

表 2-6 碳排放趋势研究中未出现峰值的基本情况

文献	预测年份	碳排放变化	预测方法
PAO ET AL.（2012）	2020	↑	能源消费和 GDP
滕欣（2012）	2020	↑	历史碳排放
佟昕等（2015）	2020	↑	历史碳排放
WU ET AL.（2015）	2020	↑	历史碳排放
赵息等（2013）	2020	↑	历史碳排放

① LUGOVOY O，FENG X Z，GAO J，et al. Multi-model comparison of CO_2 emissions peaking in China：Lessons from CEMF01 study ［J］. Advances in Climate Change Research，2018，9（1）：1-15.

续表

文献	预测年份	碳排放变化	预测方法
LI（2003）	2030	↑	基准情景
刘宇等（2013）	2050	↑	基准情景
ZHAO AND DU（2015）	2050	↑	GDP、人口等历史强度
ROUT ET AL.（2011）	2100	↑	TIMES

二、碳排放趋势研究的峰值大小

梳理碳排放趋势研究发现，我国二氧化碳排放峰值为7GT~19GT，且同一达峰时间，峰值大小也存在显著差异（见图2-4）。碳排放在2020年达到峰值时，峰值为7GT~12.5GT，且集中于9GT~12.5GT；在2030年达到峰值时，峰值为7GT~14GT；在2040年达到峰值时，峰值为13GT~19GT。Liu和Xiao模拟的10个碳排放趋势情景中，在2023年达峰对应的碳排放大小分别为8.15GT、8.58GT、8.32GT，在2025年为10.49GT、10.87GT、9.98GT、9.83GT，在2030年为12.01GT、11.45GT。① 其中2025年达到峰值的碳排放大小与渠慎宇和郭朝先（2010）（7.3GT）、刘宇等（2014）（9.69GT）、柴麒敏和徐华清（2015）（10.53GT）

① LIU D N, XIAO B W. Can China achieve its carbon emission peaking? A scenario analysis based on STIRPAT and system dynamics model [J]. Ecological Indicators, 2018, 93: 647-657.

相比，最高值和最低值相差3.57GT。[1][2][3] 2030年达到峰值的碳排放大小与刘宇等（2014）（10.63GT）、柴麒敏和徐华清（2015）（10.92GT）、毕超（2015）（9.35GT）也具有较大差异性。[4][5][6] 另外，在其他年份达到峰值时同样呈现上述特征，如姜克隽等、柴麒敏和徐华清通过分析均认为2020年碳排放可达到峰值，峰值大小分别为9GT、10.05GT，两者相差1.05GT；[7][8] 渠慎宇和郭朝先、岳超等研究表明2035年碳排放达到峰值，峰值大小分别为11.54GT、16.15GT，两者相差4.61GT；[9][10] 周伟和米红、岳超等模拟结果显示2036年碳排放

---

① 渠慎宁，郭朝先．基于STIRPAT模型的中国碳排放峰值预测研究［J］．中国人口·资源与环境，2010，20（12）：10-15.

② 刘宇，蔡松锋，张其仔．2025年、2030年和2040年中国二氧化碳排放达峰的经济影响：基于动态GTAP-E模型［J］．管理评论，2014，26（12）：3-9.

③ 柴麒敏，徐华清．基于IAMC模型的中国碳排放峰值目标实现路径研究［J］．中国人口·资源与环境，2015，25（6）：37-46.

④ 刘宇，蔡松锋，张其仔．2025年、2030年和2040年中国二氧化碳排放达峰的经济影响：基于动态GTAP-E模型［J］．管理评论，2014，26（12）：3-9.

⑤ 柴麒敏，徐华清．基于IAMC模型的中国碳排放峰值目标实现路径研究［J］．中国人口·资源与环境，2015，25（6）：37-46.

⑥ 毕超．中国能源CO_2排放峰值方案及政策建议［J］．中国人口·资源与环境，2015，25（5）：20-27.

⑦ 姜克隽，贺晨旻，庄幸，等．我国能源活动CO_2排放在2020—2022年之间达到峰值情景和可行性研究［J］．气候变化研究进展，2016，12（3）：167-171.

⑧ 柴麒敏，徐华清．基于IAMC模型的中国碳排放峰值目标实现路径研究［J］．中国人口·资源与环境，2015，25（6）：37-46.

⑨ 渠慎宁，郭朝先．基于STIRPAT模型的中国碳排放峰值预测研究［J］．中国人口·资源与环境，2010，20（12）：10-15.

⑩ 岳超，王少鹏，朱江玲，等．2050年中国碳排放量的情景预测：碳排放与社会发展Ⅳ［J］．北京大学学报（自然科学版），2010，46（4）：517-524.

达到峰值，峰值大小分别为 10. 75GT、12. 85GT，两者相差 2. 1GT。[①][②]

三、碳排放趋势的路径

习近平总书记在 2020 年 9 月第七十五届联合国大会一般性辩论上提出我国 2030 年碳达到峰值、2060 年实现“碳中和”目标后，国内外学者、团队对我国“碳中和”路径即长期发展趋势进行了重点关注。

“碳中和”的概念主要包括三方面：一是对象，碳排放仅是二氧化碳还是所有的温室气体？二是范围，涵盖的碳排放范围层级是范围 1、2 还是 3？三是行为主体，中和的碳排放行为主体仅人类还是自然和人？在碳中和对象方面，碳中和与净零排放（温室气体净零排放）一样，一般包括所有的温室气体，如二氧化碳、甲烷等。国内外很多学者及机构都对碳中和进行了定义，可以发现对碳中和的对象方面，主要认为碳中和与净零排放、温室气体净零排放一样，包括全经济领域温室气体的排放，意味着不只是二氧化碳，还有甲烷、氢氟化碳等非二氧化碳温室气体。例如，英国标准协会在 2010 年发布的全球首

① 周伟，米红．中国能源消费排放的 CO_2 测算［J］．中国环境科学，2010，30（8）：1142-1148.

② 岳超，王少鹏，朱江玲，等．2050 年中国碳排放量的情景预测：碳排放与社会发展Ⅳ［J］．北京大学学报（自然科学版），2010，46（4）：517-524.

个碳中和标准 PAS 2060。2010 年《碳中和证明规范》提出，碳中和（carbon neutrality）是一种处于碳中性（carbon neutral）的状态，而碳中性则是标的物温室气体排放导致大气中全球温室气体排放净增长为零的情形。① 我国生态环境部在 2019 年发布的《大型活动碳中和实施指南（试行）》指出：碳中和是指通过购买碳配额、碳信用的方式或通过新建林业项目产生碳汇量的方式抵消大型活动的温室气体排放量。温室气体是指大气层中自然存在的和人类活动产生的，能够吸收和散发由地球表面、大气层和云层所产生的、波长在红外光谱内的、辐射的气态成分，包括二氧化碳（CO_2）、甲烷（CH_4）等。② 此外，部分学者认为碳中和是一种净二氧化碳排放，仅包括温室气体中的二氧化碳排放。例如，IPCC 2008 年发布的《全球温升 1.5℃特别报告》指出，碳中和即净零二氧化碳排放，是指当一定时期内通过人为二氧化碳移除使全球人为二氧化碳排放量达到平衡时，可实现净零二氧化碳排放。③ 丁仲礼提出碳中和就是人为排放的二氧化碳（化石燃料利用和土地利用），被人为努力（木材蓄积量、土壤有机碳、工程封存等）和自然过程（海洋吸收、侵蚀—沉积过程的碳埋藏、碱性土壤的固碳等）

① 深圳市技术标准研究院. PAS 2060：2010《碳中和证明规范》[EB/OL]. 豆丁网，2010-12.

② 中华人民共和国生态环境部. 大型活动碳中和实施指南（试行）[EB/OL]. 中国政府网，2019-05-29.

③ IPCC. 全球 1.5℃温升特别报告 [EB/OL]. IPCC，2018.

所吸收。[①] 中金研究院，WRI，很多国家的“碳中和”目标等均将碳中和与净零排放或者温室气体净零排放几个词通用。[②] 在碳中和覆盖范围方面，现有文献研究较少，目前最有代表性的是 IPCC 在 2021 年发布的 AR6：The physical science basis。该报告指出：碳中和一般评估的是包括范围三的全生命周期的排放。在全球层面，碳中和与净零二氧化碳排放一致，而在次全球区域，净零二氧化碳排放是指主体能够直接控制或领土范围内的排放与移除，碳中和除了上述内容，还包括超出直接控制或领土范围内的排放与移除。[③] 在中和的碳排放行为主体方面，碳中和是指人为源与人为汇。IPCC（2021）在 AR6 提出净零温室气体排放是指一定时期内通过人为温室气体排放移除使全球人为温室气体排放量达到平衡。[④] 陈迎等学者提出碳中和是人为的根源、人为的汇。[⑤] 此外，丁仲礼认为碳中和是人为排放的二氧化碳跟被人为努力和自然过程所吸收。[⑥] 方精云

① 澎湃新闻．丁仲礼院士：中国碳中和框架路线图研究［EB/OL］．澎湃新闻网，2021-08-10.

② 中金研究院．碳中和经济学：新约束下的宏观与行业分析［EB/OL］．中金公司网，2021-03-21；WRI. Net-Zero Tracker［EB/OL］. CLIMATEWATCH, 2021-11-20；张雅欣，罗荟霖，王灿．碳中和行动的国际趋势分析［J］．气候变化研究进展，2021，17（1）：88-97；邓旭，谢俊，滕飞．何谓“碳中和”？［J］．气候变化研究进展，2021，17（1）：107-113.

③ IPCC. Climate change 2021：The physical science basis［EB/OL］. IPCC，2021.

④ IPCC. Climate change 2021：The physical science basis［EB/OL］. IPCC，2021.

⑤ 陈迎．碳中和概念再辨析［J］．中国人口·资源与环境，2022，32（4）：1-12.

⑥ 澎湃新闻．丁仲礼院士：中国碳中和框架路线图研究［EB/OL］．澎湃新闻网，2021-08-10.

提出碳中和是人为的源与海陆碳汇以及 CCUS 的平衡。[①]

我国“碳中和”路径大致分为三个阶段：2020—2030 年碳达到峰值期，2030—2050 年碳排放大幅下降以及深度脱碳期，2050—2060 年碳中和期。王利宁等人研究发现在碳中和情景下全国二氧化碳排放在 2020—2025 年为达到峰值期，2025—2030 年为平台期，2030—2050 年为下降期，2060 年实现接近零排放。[②] 胡鞍钢认为我国碳中和目标下 2021—2030 年为碳达峰期，2031—2040 年为碳排放大幅下降期，2041—2050 年为能源碳排放降至趋于零期，2051—2060 年为碳中和期。[③] 王灿和张雅欣认为，碳中和愿景下的排放路径可以分为四个阶段，即 2020—2030 年的达峰期、2030—2035 年的平台期，2035—2050 年的下降期和 2050—2060 年的中和期。[④] 林伯强认为 2060 年中国“碳中和”目标的路径为 2020—2030 年为碳达峰期，2030—2045 年为大幅降碳期，2045—2050 年为深度脱碳期，2050—2060 年为完成碳中和期。[⑤] 中国石油天然气集团有

---

① 方精云．碳中和的生态学透视［J］．植物生态学报，2021，45（11）：1173-1176.

② 王利宁，彭天铎，向征艰，等．碳中和目标下中国能源转型路径分析［J］．国际石油经济，2021，29（1）：2-8.

③ 胡鞍钢．中国实现 2030 年前碳达峰目标及主要途径［J］．北京工业大学学报（社会科学版），2021，21（3）：1-15.

④ 王灿，张雅欣．碳中和愿景的实现路径与政策体系［J］．中国环境管理，2020，12（6）：58-64.

⑤ 林伯强．2060 年中国“碳中和”目标的路径、机遇与挑战［N］．第一财经日报，2020-11-19（A11）.

限公司在2020年认为在“碳中和”目标下，中国能源相关碳排放于2025年前后达峰，之后保持5年左右的平台期，而后进入下降期，2050年降至24亿吨左右，2060年接近零排放。[①] 国务院发展研究中心资源与环境政策研究所认为中国“碳中和”路径主要分为四个阶段：2020—2030年的碳达峰期，2030—2050年的碳高效及加速减排期，2050—2060年的碳中和攻坚期。[②] 蔡博峰等人研究发现我国二氧化碳排放将于2027年左右达峰，达峰后经历5~7年平台期，然后进入脱碳期甚至中和期。[③] 另外，王利宁等人对碳中和发展路径下工业排放路径进行了研究，发现工业二氧化碳排放碳排放量将在2025年前达峰，为38亿~40亿吨，到2060年约5亿吨。[④] 能源基金会研究发现工业部门“碳中和”路径为2020年达峰，到2050年，在2015年的基础上实现近90%的减排量。[⑤] 罗仕华等人研究发现在“碳中和”路径下，我国碳达峰时间在2020—2025年，2025—2050年是“碳中和”路径的快速脱碳阶段，由于

---

① 中国石油天然气集团有限公司 .2050年世界与中国能源展望（2020版）[EB/OL]. 搜狐网，2020-12-19.

② 中宏国研经济研究院 . 我国“碳中和”的路径分析及对经济的影响 [EB/OL]. 碳交易网，2021-02-01.

③ 蔡博峰，曹丽斌，雷宇，等 . 中国碳中和目标下的二氧化碳排放路径 [J]. 中国人口·资源与环境，2021，31（1）：7-14.

④ 王利宁，彭天铎，向征艰，等 . 碳中和目标下中国能源转型路径分析 [J]. 国际石油经济，2021，29（1）：2-8.

⑤ 能源基金会 . 中国碳中和综合报告 2020：中国现代化的新征程：“十四五”到碳中和的新增长故事 [R]. 北京：能源基金会，2020.

需要为2050年后留存更大的减排空间，这一阶段的碳排轨迹具有十分陡峭的下降趋势；① 张浩楠等人研究发现我国在2020—2030年是加速碳达峰阶段，在2030—2050年是快速减排阶段，2050—2060年是全面实现碳中和阶段。② 当然，一些研究还专门从某个视角或方面深入研究了“碳中和”目标的实现路径。例如，农业领域③、建筑领域④、工业领域⑤，包括钢

① 罗仕华，胡维昊，刘雯，等．中国2060碳中和能源系统转型路径研究［J］．中国科学（技术科学），2024，54（1）：43-64.

② 张浩楠，申融容，张兴平，等．中国碳中和目标内涵与实现路径综述［J］．气候变化研究进展，2022，18（2）：240-252.

③ 夏龙龙，逄超普，朱春梧，等．中国粮食生产的温室气体减排策略以及碳中和实现路径［J］．土壤学报，2023，60（5）：1277-1288；罗浩轩．中国农业农村碳排放趋势测算及实现碳中和政策路线图研究［J］．广西社会科学，2023（2）：121-131；熊媛媛，苏洋．中国农业农村碳中和效应时空分异与动态演进特征［J］．水土保持通报，2024，44（1）：378-388；向媛秀，吴健婧．广西碳中和实现的生态农业发展路径探索［J］．广西教育学院学报，2023（4）：18-24；霍如周，奚小波，张翼夫，等．碳中和背景下中国农业碳排放现状与发展趋势［J］．中国农机化学报，2023，44（12）：151-161.

④ 徐伟，倪江波，孙德宇，等．我国建筑碳达峰与碳中和目标分解与路径辨析［J］．建筑科学，2021，37（10）：1-8，23；朱微，程云鹤．中国建筑业碳排放影响因素及碳达峰碳中和预测分析［J］．河北环境工程学院学报，2024，34（1）：1-7；张丁．建筑行业碳中和目标的实现路径分析［J］．四川建材，2024，50（2）：19-20，23；王凯，刘青权，于鹏，等．建筑行业碳达峰与碳中和路径探讨［J］．建设科技，2023（6）：95-97；潘毅群，魏晋杰，汤朔宁，等．上海市建筑领域碳中和预测分析［J］．暖通空调，2022，52（8）：18-28；董建锴，高游，孙德宇，等．建筑领域碳中和相关定义、目标及技术路线概览［J］．暖通空调，2023，53（10）：69-78.

⑤ 中国石油天然气集团有限公司．2050年世界与中国能源展望（2020年版）［EB/OL］．搜狐网，2020-12-19；王利宁，彭天铎，向征艰，等．碳中和目标下中国能源转型路径分析［J］．国际石油经济，2021，29（1）：2-8；张巍，徐可欣，李丹妮．“双碳”目标下陕西省工业碳减排路径模拟研究［J］．西安理工大学学报，2024（3）：1-9；周晓龙，何立秀．传统工业园区碳达峰、碳中和路径分析：以河池市大任产业园为例［J］．广西节能，2023（4）：22-25.

铁行业或企业①、水泥业②、食品业③、石化④、煤化工⑤、家电⑥、电力⑦、炼化业⑧、供热⑨、电力装备业⑩、玻璃业⑪等；

---

① 翟伟峰，马昌宁，张建伟．钢铁企业通过供应链实现碳中和的策略分析：基于河钢集团的案例研究［J］．石家庄学院学报，2023，25（6）：34-39；张琦，沈佳林，籍杨梅．典型钢铁制造流程碳排放及碳中和实施路径［J］．钢铁，2023，58（2）：173-187；张琦，田硕硕，沈佳林．中国钢铁行业碳达峰碳中和时间表与路线图［J］．钢铁，2023，58（9）：59-68；朱丽．钢铁生产企业碳中和及碳排放核算体系探析［J］．现代工业经济和信息化，2023，13（10）：179-180，183.

② 沈卫国．基于生命周期的水泥工业碳中和整体路径［J］．新世纪水泥导报，2022，28（2）：1-8；程远哲．水泥行业碳达峰碳中和科技发展路径探讨［J］．中国水泥，2023（12）：15-19.

③ 汪靖轩．食品产业链的碳中和路径分析［J］．中国食品，2024（2）：121-123.

④ 戴宝华，赵祺．我国石化产业碳中和路径展望［J］．石油炼制与化工，2024，55（1）：62-67；胡炜杰，吴英柱，韦君婷，等．碳中和战略下石化特色城市低碳发展思路：以茂名为例［J］．广东化工，2023，50（19）：48-51.

⑤ 师树虎，蔡亚萍，沈婧．碳中和背景下宁夏地区煤化工领域碳减排的实现措施思考［J］．黑龙江环境通报，2024，37（1）：91-93；张玉鸿．典型现代煤化工企业碳达峰碳中和的思考［J］．石油石化绿色低碳，2023，8（5）：75-80.

⑥ 储涛，钟永光，孙浩，等．考虑消费者碳责任的家电产业“碳中和”路径研究［J］．系统工程理论与实践，2024，44（3）：1018-1037.

⑦ 金宇航，朱佳斌，刘亦芳，等．电力行业碳达峰碳中和实施路径研究［J］．现代工业经济和信息化，2023，13（3）：178-180；金颖，祝毅然，孙腾．上海市能源电力领域碳达峰碳中和路径分析［J］．上海节能，2023（9）：1304-1309；洪靖，李璇，高倍，等．辽宁省电力行业碳排放现状及碳中和策略分析［J］．环境保护与循环经济，2023，43（11）：97-101.

⑧ 魏志强，曹建军，孙丽丽，等．中国炼化产业实现碳达峰与碳中和路径及支撑技术［J］．石油学报（石油加工），2024，40（1）：1-11.

⑨ 魏存，李若冰，王健，等．碳中和背景下城市供热碳排放预测与分析［J］．建筑科学，2023，39（12）：10-19，60.

⑩ 张宇，杨之维．电力装备产业助力碳达峰碳中和途径与措施研究［J］．现代工业经济和信息化，2023，13（11）：157-159.

⑪ 常维东，李刚，汤骅，等．浅析玻璃行业实现碳中和的路径［J］．玻璃，2023，50（11）：21-27.

能源领域①，包括天然气②、煤炭领域③；旅游业④、国内外机场⑤；

---

① 王利宁，彭天铎，向征艰，等．碳中和目标下中国能源转型路径分析［J］．国际石油经济，2021，29（1）：2-8；王一然．碳中和目标下的能源经济转型路径［J］．产业创新研究，2023（12）：18-20；王陆新，王越，王永臻．碳达峰碳中和背景下我国能源发展多情景研究［J］．石油科技论坛，2022，41（1）：78-86；付林．园区能源碳中和解决方案探析：以某校园碳中和为例［J］．可持续发展经济导刊，2022（4）：50-51；董慧君，关海玲，赫煜．山西省实现碳达峰碳中和路径研究［J］．生产力研究，2024（1）：70-76，161；范师嘉，许光清，赵庆，等．考虑储能的电力系统优化与中国碳中和情景分析［J］．中国环境科学，2024（5）：2833-2846.

② 李琴，王建良，刘睿，等．碳中和目标下天然气产业发展的多情景构想［J］．天然气工业，2021，41（2）：183-192；邹才能，林敏捷，马锋，等．碳中和目标下中国天然气工业进展、挑战及对策［J］．石油勘探与开发，2024，51（2）：418-435.

③ 孙旭东，张蕾欣，张博．碳中和背景下我国煤炭行业的发展与转型研究［J］．中国矿业，2021，30（2）：1-6；袁亮．煤炭工业碳中和发展战略构想［J］．中国工程科学，2023，25（5）：103-110；廖志高，阮梦颖．碳中和目标下中国煤炭产业发展多情景构想研究［J］．广西职业技术学院学报，2022，15（3）：1-9；梁永生．煤矿企业碳达峰与碳中和方案研究：以西山煤电集团为例［J］．能源与节能，2024（2）：51-54.

④ 李姝晓，童昀，何彪．多情景下海南省旅游业的碳达峰与碳中和预测［J］．经济地理，2023，43（6）：230-240；林水发，郑兆龙，韩晖，等．碳中和愿景下景区碳排放核算与零碳路径研究：以崇州市大雨村幸福里林盘景区为例［J］．生态经济，2024（4）：136-143；王立国，朱海，叶炎婷，等．中国省域旅游业碳中和时空分异与模拟［J］．生态学报，2024，44（2）：625-636.

⑤ 董丽燕．北方某大型国际机场碳达峰、碳中和实现路径的初步研究［J］．科技资讯，2023，21（23）：180-182；朱思平．民航机场碳达峰碳中和路径研究［J］．中国航务周刊，2023（41）：69-71.

银行业①；自然资源领域②；林业③、数据中心④、证券公司⑤、体育产业⑥、高等院校⑦、生活垃圾领域⑧、道路照明⑨、公共机构⑩、菱镁产业⑪、金融机构⑫等。

现有研究对“碳中和”路径的经济影响研究甚少。我们从

---

① 杨庆华．浅析黑龙江省中小银行转型“碳中和”银行创新路径［J］．黑龙江金融，2023（1）：64-66；缪得志．浙江“碳中和”银行建设的实践路径及难点分析［J］．农银学刊，2023（3）：25-30.

② 吴园玲，黄灵光，余裕平，等．江西省自然资源领域碳达峰碳中和路径研究［J］．江西科学，2022，40（3）：619-624.

③ 张昭，李硕．林业服务碳达峰、碳中和路径选择与投融资模式研究［J］．开发性金融研究，2022（1）：27-35.

④ 周峰，王芮敏，马国远，等．我国数据中心碳中和路径情景分析［J］．制冷学报，2024（3）：1-7.

⑤ 徐梦羽．证券公司在碳中和发展中的战略路线［J］．商业经济，2024（3）：183-186.

⑥ 李震．体育产业碳中和行动的国际经验与启示［J］．当代体育科技，2023，13（29）：92-97，105.

⑦ 王宗永，陈睿山，王尧，等．高等院校碳排放核算与碳中和路径探析［J］．科技促进发展，2023，19（12）：754-763；赵兴树，杨梦蝶，孙思源，等．高校校园碳排放核算及碳中和预测：以江南大学为例［J］．建设科技，2023（19）：23-29.

⑧ 郜俊．生活垃圾领域碳达峰碳中和路径的思考与探讨［J］．新理财（政府理财），2023（12）：33-36.

⑨ 陈壬贤，赵弘昊．关于道路照明碳达峰、碳中和路径的探讨［J］．农村电气化，2023（10）：72-76.

⑩ 崔晓祥，张圣玺．公共机构碳排放特点和碳中和实现路径研究：以某公共机构为例［J］．甘肃金融，2023（10）：64-67；冀赛赛，路斌，韩琳．公共机构实现碳中和运行的关键路径与方法研究［J］．生态经济，2023，39（12）：19-25.

⑪ 周晓蕾，刘爽，王立林，等．辽宁菱镁产业碳达峰、碳中和路径及对策研究［J］．耐火与石灰，2023，48（6）：1-4.

⑫ 晏路辉．详解金融机构实现碳中和的路径：基于CREOS方法论［J］．中国信用卡，2023（10）：25-29.

研究对象来看，主要是我国整体及部分发达地区，如粤港澳大湾区。从研究方法来看，其主要是动态 CGE 模型，包括 CHINAGEM-E 模型①（包含能源和碳排放模块的中国经济递归动态 CGE 模型）、粤港澳大湾区动态 CGE 模型。② 目前，研究方法都是将已有的“碳中和”路径设置为外生变量代入模型，从而估算影响。从研究结果来看，GDP 影响为负。许鸿伟等人发现相对基准情景，在碳中和情景下，粤港澳大湾区整体 GDP 增长放缓，2050 年 GDP 总量损失 3.9%，其中高等电力依赖部门增加值平均损失 790 亿元。③ Feng 等人研究发现相对基准情景，在碳中和情景下，从宏观经济和就业来看，2060 年实际 GDP 将要下降 1.36%，投资下降 1.51%，消费下降 1.11%，出口下降 0.46%，进口下降 0.16%，就业减少 34 万人，实际工资低 0.6%。从行业来看，工业、服务、农业部门实际产出分别下降 1.51%、0.75%、0.21%，采矿业失业人数最高，达到 48 万人，而清洁能源部门受益最大，如电力天然气水部门（ElcGasWater）增加就业 38 万人。此外，部分学者研究了某个区域

① FENG S H, PENG X J, ADAMS P, et al. Energy and economic implications of carbon neutrality in China–a Dynamic General Equilibrium analysis [J]. Econmic Modelling, 2024, 135.

② 许鸿伟，汪鹏，任松彦，等. 双碳目标下电力系统转型对产业部门影响评估：以粤港澳大湾区为例 [J]. 中国环境科学，2022，42 (3)：1435-1445.

③ 许鸿伟，汪鹏，任松彦，等. 双碳目标下电力系统转型对产业部门影响评估：以粤港澳大湾区为例 [J]. 中国环境科学，2022，42 (3)：1435-1445.

或者行业“碳中和”路径下的影响，包括长三角地区①、甘肃省②、广州市③、黄河流域④、西北地区⑤、煤炭主产省区⑥、雄安新区⑦、工业园区⑧、城市领域⑨、发输电与用电系统⑩。

第五节 现有研究评述及改进思路

本书通过对国内外碳排放趋势研究的方法学、关键因素、主要结论等方面进行梳理和分析，发现现有研究的主要方法学

① 王理想，王建民．碳中和目标下长三角地区能源结构调整的经济影响及其差异性［J］．资源与产业，2024，26（1）：25-34.

② 陈莎，麦兴宇，刘影影，等．甘肃省碳中和路径下二氧化碳减排与环境健康效益协同分析［J］．安全与环境学报，2024，24（2）：796-808.

③ 刘桢，谢鹏程，黄莹，等．基于能源政策模拟模型的广州市2050年实现碳中和的路径研究［J］．科技管理研究，2023，43（4）：211-219.

④ 吕志祥，李瑞花．黄河流域碳达峰碳中和协同实现路径研究［J］．甘肃开放大学学报，2023，33（1）：59-64，76.

⑤ 赵守国，徐仪嘉．我国西北地区碳达峰碳中和实现路径研究［J］．西北大学学报（哲学社会科学版），2022，52（4）：87-97.

⑥ 张思露，郭超艺，周子乔，等．碳中和目标下我国煤炭主产省区的减排贡献及经济代价［J］．煤炭经济研究，2024，44（1）：6-13.

⑦ 朱守先．基于结构优化演进的雄安新区碳中和路径选择［J］．中国人口·资源与环境，2023，33（4）：115-124.

⑧ 沈益婷．碳达峰和碳中和目标下工业园区减污降碳路径探析［J］．节能与环保，2023（6）：30-32.

⑨ ZHANG K，QIAN J，ZHANG Z H，et al. The impact of carbon trading pilot policy on carbon neutrality：empirical evidence from Chinese cities［J］. International Journal of Environmental Research and Public Health，2023，20（5）：4537.

⑩ 穆俊同，李志硕，谷传杰．发输电与用电系统的碳中和经济效益评估研究［J］．现代工业经济和信息化，2023，13（12）：258-260.

可以分为优化模型和非优化模型两大类型。碳排放趋势研究的关键因素主要分为经济因素（GDP、产业结构、城镇化率、工业化进程）、社会因素（人口）以及资源禀赋因素（能源结构）等。我们可以发现现有研究主要以能源发展角度预估我国未来碳排放趋势，对显著影响碳排放趋势的社会经济关键因素多采用外引方式，未深入探讨其预测机理和数值的科学性，而且作为社会经济发展水平重要衡量标准的工业化进程和城镇化率，涉及内容较少甚至部分研究存在预测数据失真现象。此外，很多碳排放研究虽然对我国未来碳排放趋势及全球排放格局进行了预测，但鲜有研究测算与分析全球主要排放大国分阶段的国家历史累积与人均历史累积二氧化碳排放量。

因此，本书将从社会经济角度探讨影响碳排放趋势关键因素，通过合理分析更加科学地确定关键因素数值，并在此基础上采用包含能源环境模块的动态全球一般均衡模型，以全球的角度预测我国不同阶段社会经济发展水平基础下，国外经济体与我国之间相互反馈效应后，我国未来二氧化碳排放量发展趋势，以及主要排放大国分阶段的国家历史累积与人均历史累积二氧化碳排放量，从而体现我国社会经济发展的阶段性，以及不同阶段，在社会经济发展与碳排放水平下，承担国际义务的能力与责任。

第三章

研究方法学

本章主要介绍本书预估影响二氧化碳排放关键因素的研究方法，以及测算二氧化碳排放发展趋势的包含能源环境模块的动态全球一般均衡模型方法，为后文测算 2035 年之前我国社会经济关键因素和二氧化碳排放发展趋势测算奠定了基础。

第一节　影响碳排放的社会经济关键因素预估方法

通过梳理国内外碳排放趋势研究和专家咨询，我们可以发现，影响二氧化碳排放的社会经济关键因素主要分为三类：一是经济因素，包括 GDP、产业结构、工业化进程、城镇化率等；二是社会因素，包括人口等；三是资源禀赋因素，包括能源结构等。GDP 和人口是一国的重要宏观社会经济指标，影响因素众多且复杂，一般国内外相关领域专家均会进行预测，个人预测结果的不确定性偏高，文献中通常采用外引方式，因此本书对 GDP 和人口的未来发展趋势也采用外引方式。其他社会经济关键因素未来发展预估的方法学，下文进行逐一介绍，其中产业结构、能源结构等均属于成分数据即总和为 100，以比例形式呈现，预测原理和方法一致，仅以能源结构为例进行方法学的介绍。

一、城镇化率预估方法

预测我国城镇化率未来发展趋势的方法多样，主要是建立不同因素与城镇化率的关系，通过预测相关因素得到未来的城镇化率。① 相关因素通常仅选择一个，根据选取因素的不同主要可以分为三种，一是建立城镇化率与时间变量之间的关系，主要有 Logistic 增长模型；二是建立城镇化率与其自身之间的关系，主要有新陈代谢 GM（1，1）模型；三是建立城镇化率与经济变量之间的关系，为经济因素相关关系类模型，主要为城镇化率与 GDP 或人均 GDP 的一元回归模型。我们可以发现

① 曹桂英，任强．未来全国和不同区域人口城镇化水平预测［J］．人口与经济，2005（4）：51-56，67；白先春，李炳俊．基于新陈代谢 GM（1，1）模型的我国人口城市化水平分析［J］．统计与决策，2006（5）：40-41；简新华，黄锟．中国城镇化水平和速度的实证分析与前景预测［J］．经济研究，2010，45（3）：28-39；高春亮，魏后凯．中国城镇化趋势预测研究［J］．当代经济科学，2013，35（4）：85-90，127；兰海强，孟彦菊，张炯．2030 年城镇化率的预测：基于四种方法的比较［J］．统计与决策，2014（16）：66-70；孙东琪，陈明星，陈玉福，等．2015—2030 年中国新型城镇化发展及其资金需求预测［J］．地理学报，2016，71（6）：1025-1044；刘洪涛，尚进，蒲学吉．基于面板 Logistic 增长模型中国城镇化演进特征与趋势分析［J］．西北人口，2018，39（2）：1-9，15.

这三种方法各有优缺点，Logistic 增长模型认为城镇化率发展趋势呈一条被拉平的 S 形曲线，可以很好地刻画城镇化率的非线性变化，但是对不同国家城镇化率变化趋势是否符合该方法的假设，学者仍未达成一致的研究结论，且以 1 为饱和城镇化水平存在不合适性，但尚无定论。经济因素相关关系类模型虽然考虑了影响城镇化率的其他因素，但易出现虚假相关和虚假回归问题，选择不同解释变量对结果影响很大。新陈代谢 GM（1，1）模型适合较少数据的分析，虽不会出现虚假相关和虚假回归问题，但仅考虑了城镇化率自身变量，结果只有预测作用，无解释城镇化率的作用（见表 3-1）。此外，还有学者采用其他方法预测了未来的城镇化率，如可计算一般均衡模型、BP 神经网络预测模型、系统动态模型、通过经济分析估计等。① 我们可

① 王大用．中国的城市化及带来的挑战［J］．经济纵横，2005（1）：4-8.
孔凡文，许世卫．我国城镇化发展速度分析及预测［J］．沈阳建筑大学学报（社会科学版），2006，8（2）：133-135.
万广华．2030 年：中国城镇化率达到 80%［J］．国际经济评论，2011（6）：99-111，5.
李善同．“十二五”时期至 2030 年我国经济增长前景展望［J］．经济研究参考，2010（43）：2-27.
兰海强，孟彦菊，张炯．2030 年城镇化率的预测：基于四种方法的比较［J］．统计与决策，2014（16）：66-70.
陈夫凯，夏乐天．运用 ARIMA 模型的我国城镇化水平预测［J］．重庆理工大学学报（自然科学版），2014，28（4）：133-137.
GU C L，GUAN W H，LIU H L. Chinese urbanization 2050：SD modeling and process simulation［J］. Science China Earth Sciences，2017，60：1067-1082.
谢立中．中国城镇化率发展水平测算：以非农劳动力需求为基础的模拟［J］．社会发展研究，2017，4（2）：23-40，242.
龙晓君，郑健松，李小建，等．全面二孩背景下中国省际人口迁移格局预测及城镇化效应［J］．地理科学，2018，38（3）：368-375.

以发现，预测我国城镇化率的方法较多，优缺点共存。因此，本书基于城镇化率预估的三种主要方法，即 Logistic 增长模型、新陈代谢 GM（1，1）模型、经济因素相关关系类模型等预测我国城镇化率发展趋势，来减少单一方法的误差。

表 3-1　城镇化率主要预测方法的优缺点

预测方法	预测方法主要缺点	预测方法主要优点
Logistic 增长模型	1. 模型对中国是否适用存在不确定性；2. 以 1 为饱和城镇化水平存在不合适性，但尚无定论	可根据城镇化率的非线性变化趋势进行预测
新陈代谢 GM（1，1）模型	除城镇化率外，未考虑其他因素对城镇化率的影响	1. 无虚假相关和虚假回归问题；2. 适用较少数据
经济因素相关关系类模型	1. 易出现虚假相关和虚假回归问题；2. 选择不同解释变量对结果影响很大	考虑了影响城镇化率的其他因素，预测结果可以解释城镇化率变化的原因

资料来源：作者自己整理与总结。

（一）Logistic 增长模型

Logistic 增长模型即 S 形曲线法，表示城镇化率的变化呈现一条被拉平的 S 形曲线趋势，联合国的城镇化率预测方法（城乡人口增长率差为常数）也符合 S 形曲线法，测算公式如下：

$$u_i = \frac{1}{1 + C e^{-dt}} \tag{3.1}$$

式（3.1）中，u_i 为第 i 年的城镇化率，d 和 C 均为参数，t 为时间，基期 $t=0$。

式（3.1），中确定 d 和 C 有两种方法：

①设基期 $t=0$ 的城镇化率为 u_0，城镇人口和乡村人口的增长率分别为 r_u、r_r，将 $t=0$ 代入式（3.1），可得 $C=\dfrac{1-u_0}{u_0}$，$d=r_u-r_r$。

②将式（3.1）进行对数化，可得 $\ln\left(\dfrac{1-u_i}{u_i}\right)=lnC-dt$，对其进行普通最小二乘法估计即可得到 d 和 C。

对比以上 d 和 C 的两种确定方法，我们可以发现方法①假设基期的城镇化率一定在估计的S形曲线上，显然基期的选择和基期数据的准确性均会显著影响所得曲线的系数，从而影响未来城镇化率的预测精准性，而方法②通过最小化误差的平方和确定最佳参数，不依赖特定一期的城镇化率，以此方法所确定的估计曲线和预测的城镇化率具有可参考性，因此本书采用方法②来确定 d 和 C 以及估计曲线，从而进行我国未来城镇化率的预测。

（二）新陈代谢GM（1，1）模型

GM（1，1）模型是用1阶微分方程对1个变量建立模型，主要通过处理原始数据来寻找其内在的系统变动规律弱化原始时间序列数据的随机因素，生成有较强规律性的数据序列，然后建立相应的微分方程模型，从而预测变量未来发展的趋势。新陈代谢 GM（1，1）模型是传统 GM（1，1）模型的改进模型，是将模型每次得到的预测值加入原始序列，剔除最初的数据，以此进行二次新陈代谢预测，从而达到不断剔除旧信息，将更新的信息不断加入预测模型，提高预测精度的目标，具体步骤如下。

1. 生成列构建

为了弱化原始时间序列的随机性，在建立新陈代谢 GM（1，1）模型之前，我们需先对原始时间序列进行数据处理，经过数据处理后的时间序列称为生成列。新陈代谢 GM（1，1）模型常用的数据处理方法有累加和累减两种。累加是将原始时间序列数据通过累加得到生成列，然后将原始时间序列数据的第一个数据作为生成列的第一个数据，第一个和第二个数据之和作为生成列的第二个数据，第一个、第二个、第三个数据之和作为生成列的第三个数据，以此类推，形成生成列。与此相对应，累减是累加的逆运算，是将原始时间序列数据通过累减得到生产列。两种方法原理相似，本书采用学者通用的累加方法构建生成列。

我们将原始城镇化率序列数据记为 $u^0=\{u_1^0, u_2^0, u_3^0, \cdots, u_k^0\}(k=1, 2, 3, \cdots, n)$，则累加一次形成的生产列记为 $u^1=\{u_1^1, u_2^1, u_3^1, \cdots, u_k^1\}(k=1, 2, 3, \cdots, n-1)$。

$$u_k^1 = \sum_{k=1}^{k} u_k^0 \tag{3.2}$$

2. 准光滑性和准指数检验

并非所有变量均可采用新陈代谢 GM（1，1）模型进行预测，我们需要进行准光滑性和准指数检验确定该变量对模型的适用性。对原始数列和生成列，当 $k > 3$ 时，若式（3.3）和式（3.4）均可满足，则表示该变量适合用 GM（1，1）模型进行预测。①

$$\rho(k) = \frac{u_k^0}{\sum_{k=1}^{k-1} u_k^0} \in [0,\ 0.5] \tag{3.3}$$

$$\sigma(k) = \frac{u_k^1}{u_{k-1}^1} \in [1,\ 1.5] \tag{3.4}$$

3. 紧邻均值生成序列构建

紧邻均值生成序列 z_k^1 是指将一次累加数据 u_k^1 中的相邻数据进行加权，即 $z_k^1 = \sum_{k-1}^{k} w_k u_k^1$，学者一般以等权重方式进行处理②③（式 3.5）。

$$z_k^1 = \frac{1}{2} u_k^1 + \frac{1}{2} u_{k-1}^1 \tag{3.5}$$

---

① 兰海强，孟彦菊，张炯 .2030 年城镇化率的预测：基于四种方法的比较［J］. 统计与决策，2014（16）：66-70.

② 白先春，李炳俊 . 基于新陈代谢 GM（1，1）模型的我国人口城市化水平分析［J］. 统计与决策，2006（5）：40-41.

③ 兰海强，孟彦菊，张炯 .2030 年城镇化率的预测：基于四种方法的比较［J］. 统计与决策，2014（16）：66-70.

4. 微分方程建立

建立微分方程，求解即可得到城镇化率未来变化趋势。

$$\frac{d\,u^1}{dt} + a\,u^1 = b \tag{3.6}$$

式（3.6）中，a 称为发展灰数，b 称为内生控制灰数。

将式（3.6）用矩阵表达可得 $X\beta = Y$，其中 $Y = \begin{bmatrix} -z_2^1 & 1 \\ \vdots & \vdots \\ -z_n^1 & 1 \end{bmatrix}$，$\beta = \begin{pmatrix} a \\ b \end{pmatrix}$，$Y = \begin{bmatrix} u_2^0 \\ \vdots \\ u_n^0 \end{bmatrix}$，则 $\beta = (X^T X)^{-1} X^T Y$，进行最小二乘估计可得生产列的第 $k+1$ 个数据如式（3.7）所示，原始序列的第 $k+1$ 个数据如式（3.8）所示。

$$\widehat{u_{k+1}^1} = \left[u_1^0 - \frac{b}{a}\right] e^{-ak} + \frac{b}{a} \tag{3.7}$$

$$\widehat{u_{k+1}^0} = \widehat{u_{k+1}^1} - \widehat{u_k^1} = \left[u_1^0 - \frac{b}{a}\right] e^{-a(k-1)} (1 - e^{-a}) \tag{3.8}$$

5. 模型检验

新陈代谢 GM（1，1）预测模型的检验一般有残差检验、关联度检验和后验差检验，检验结果对照表如表 3-2 所示。

表 3-2 新陈代谢 GM（1，1）预测模型精度检验等级参照表

精度等级	相对误差	均方差比值	小误差概率
好	<0.01	≤0.35	≥0.95
合格	<0.05	≤0.50	≥0.80

续表

精度等级	相对误差	均方差比值	小误差概率
勉强合格	<0.10	≤0.65	≥0.70
不合格	≥0.20	>0.65	<0.70

（1）残差检验

残差检验是通过对比新陈代谢 GM（1，1）预测值相距原始时间序列数据的绝对残差或相对残差与精度检验等级表进行的检验，计算公式如下：

$$\bar{v}^{0} = \frac{1}{n}\sum_{k=1}^{n} v_k^0 = \frac{1}{n}\sum_{k=1}^{n}\left|\frac{e_k^0}{u_k^0}\right| = \frac{1}{n}\sum_{k=1}^{n}\left|\frac{u_k^0 - \widehat{u_k^0}}{u_k^0}\right| \tag{3.9}$$

式（3.9）中，$\bar{v}^0$ 为平均模拟相对误差，e_k^0 为绝对残差序列，v_k^0 为相对残差序列，u_k^0 为原始时间序列，$\widehat{u_k^0}$ 为新陈代谢 GM（1，1）预测值。

（2）关联度检验

关联度检验的计算公式如下：

$$r = \frac{1}{n}\sum_{k=1}^{n} \frac{minmin\left|u_k^0 - \widehat{u_k^0}\right| + \rho maxmax\left|u_k^0 - \widehat{u_k^0}\right|}{\left|u_k^0 - \widehat{u_k^0}\right| + \rho maxmax\left|u_k^0 - \widehat{u_k^0}\right|} \tag{3.10}$$

式（3.10）中，ρ 为分辨率，且 $\rho \in [0, 1]$，r 为关联度，u_k^0、$\widehat{u_k^0}$ 与式（3.9）定义一致。一般取 $\rho = 0.5$，若 r 大于 0.6，即为合格。

（3）后验差检验

后验差检验由均方差比检验和小误差概率检验两部分构成。

①均方差比检验

通过对比绝对残差序列标准差与原始序列标准差比值在精度检验等级表中的范围来判断均方差比的合格与不合格，计算公式如下：

$$S = \frac{S_2}{S_1} = \frac{\sqrt{\frac{1}{n}\sum_{k=1}^{n}(e_k^0 - \bar{e}^0)^2}}{\sqrt{\frac{1}{n}\sum_{k=1}^{n}(u_k^0 - \bar{u}_k^0)^2}} \tag{3.11}$$

式（3.11）中，S 为均方差比，S_2 为绝对残差序列标准差，S_1 为原始序列标准差，$\bar{e}^0$ 为绝对残差序列均值，$\bar{u}^0$ 为原始序列均值，e_k^0、u_k^0 与式（3.9）的定义一致。

②小误差概率检验

通过对比新陈代谢 GM（1，1）预测值相距原始时间序列数据绝对残差的小误差概率在精度检验等级表中的范围来判断小误差概率的合格与不合格，计算公式如下：

$$P = \{ |u_k^0 - \widehat{u_k^0}| < 0.6745\, S_1 \} \tag{3.12}$$

式（3.12）中，P 为小误差概率，S_1、u_k^0、$\widehat{u_k^0}$ 与上式的定义一致。

新陈代谢 GM（1，1）模型为了达到不断更新原始数据的目的，多次重复以上步骤1~5次，重复次数由预测城镇化率年数决定。

二、经济因素相关关系类模型

城镇化率的经济因素相关关系类模型一般以 GDP 或人均 GDP 作为自变量，城镇化率作为因变量进行模型预估，具体如式（3.13）所示。

$$u_t = \alpha + \beta X_t + \varepsilon_t \tag{3.13}$$

式（3.13）中，u_t 为 t 期城镇化率，X_t 为 t 期 GDP 或人均 GDP，α 为截距项，β 为回归系数，ε_t 为随机扰动项，$\varepsilon_t \sim i.i.d.N(0, \sigma^2)$，其中 u_t、X_t 可以是对数形式数据，也可以是原始形式数据，或者其他形式。

三、工业化进程预估方法

工业化阶段是一个国家或地区发展过程的重要阶段，国内外学者对其进行了丰富的发展，基本通过定量指标进行判断，但是仍未形成一个公认的判断标准。国外学者对工业化进程的判断一般是从工业结构、产业结构、就业结构、经济结构等单一方面进行测度，主要将工业化进程分为前工业化阶段、工业化初期、工业化中期、工业化后期和后工业化阶段等五个阶段（见表3-3）。以上理论对工业化阶段的划分粗糙、笼统，对指标选择存在较少、不全面的问题，部分理论甚至无工业化具体判断标准。国内学者对工业化进程判断的主要经典方法是由陈佳贵等学者提出的，其从经济结构、空间结构、工业结构、就业结构等四方面提出了一套综合评价国家或地区工业化水平的指标体系。该体系集合了工业化进程的经典判断标准，在建立之后，无论是具体方法还是相关结论都得到了广泛的认可和应用。[①] 因此，本书参考者陈佳贵等学者的工业化进程判断方法[②]（见表 3-4）进行计算，具体步骤如下。

表 3-3 国外学者的工业化进程判断主要标准及工业化阶段划分

判断标准		代表人物	工业化阶段
工业结构	消费资料工业净产值与生产资料工业净产值的比值	霍夫曼	仅对工业化阶段进行了划分，但无具体阶段定义
	制造业的增加值在总商品生产部门增加值中所占的比例	约翰·科迪	非工业化、正在工业化、半工业化、工业化
产业结构	三次产业占 GDP 比例	西蒙·库兹涅茨	工业化初期、工业化中期、完成工业化
就业结构	劳动力在三次产业中的就业比例	配第-克拉克	仅对工业化阶段进行了划分，但无具体阶段定义

① 陈佳贵，黄群慧，钟宏武．中国地区工业化进程的综合评价和特征分析[J]．经济研究，2006，41（6）：4-15.

② 陈佳贵，黄群慧，钟宏武．中国地区工业化进程的综合评价和特征分析[J]．经济研究，2006，41（6）：4-15.

续表

判断标准		代表人物	工业化阶段
经济结构	人均 GDP	钱纳里、赛尔奎因	初级产品生产阶段、工业化阶段（分为初期、中期、后期）、发达经济阶段（分为初级、高级）

资料来源：霍利斯·钱纳里等①、西蒙·库兹涅茨②、约翰·科迪③、贾百俊等④。

表 3-4　工业化不同阶段的标志值

基本指标	前工业化阶段（1）	工业化实现阶段			后工业化阶段（5）
		工业化初期（2）	工业化中期（3）	工业化后期（4）	
人均 GDP（经济发展水平，2005 年，美元）	745～1490	1490～2980	2980～5960	5960～11170	11170 以上
三次产业产值比（产业结构）	A>I	A>20%，A<I	A<20%，I>S	A<10%，I>S	A<10%，I<S

① 钱纳里，鲁宾逊，赛尔奎因．工业化和经济增长的比较研究［M］．吴奇，王松宝，等译．上海：上海人民出版社，1989.

② 库兹涅茨．现代经济增长［M］．戴睿，易诚，译．北京：北京经济学院出版社，1989：12-25.

③ 科迪．发展中国家的工业发展政策［M］．张虹，译．北京：经济科学出版社，1990.

④ 贾百俊，刘科伟，王旭红，等．工业化进程量化划分标准与方法［J］．西北大学学报（哲学社会科学版），2011，41（5）：59-64.

续表

基本指标	前工业化阶段（1）	工业化实现阶段			后工业化阶段（5）
		工业化初期（2）	工业化中期（3）	工业化后期（4）	
制造业增加值占总商品生产部门增加值的比重（工业结构,%）	20 以下	20~40	40~50	50~60	60 以上
城镇人口占总人口的比重（空间结构,%）	30 以下	30~50	50~60	60~75	75 以上
第一产业就业占总就业的比重（就业结构,%）	60 以上	45~60	30~45	10~30	10 以下

注："A"表示第一产业；"I"表示第二产业；"S"表示第三产业；人均 GDP 的判断标准由于基年选择的不同具有多种，但是衡量结果具有一致性，本书基于研究需要列出以 2005 年为基年的人均 GDP 数据。

资料来源：陈佳贵等①。

（一）各个指标的标准化

我们将我国各个指标的预测值与表 3-4 中的标志值相比，确定各个指标所对应的工业化阶段，然后利用阶段阈值法［见

① 陈佳贵，黄群慧，钟宏武．中国地区工业化进程的综合评价和特征分析［J］．经济研究，2006（6）：4-15.

式（3.14）］对每个指标的值进行无量纲化处理，来对每个指标进行标准化打分。

$$\begin{cases}\lambda_k = (j_k - 2) \times 33 + \dfrac{X_k - min_{kj}}{max_{kj} - min_{kj}} \times 33 \\ \lambda_k = 0,\ j_k = 1 \\ \lambda_k = 100,\ j_k = 5\end{cases} \tag{3.14}$$

式（3.14）中，k 为第 k 个指标，λ_k 为第 k 个指标的测评值，j_k 为第 k 个指标所处的工业化阶段，X_k 为第 k 个指标的原始值，min_{kj} 为第 k 个指标在第 j 个工业化阶段的最小值，max_{kj} 为第 k 个指标在第 j 个工业化阶段的最大值，最大值和最小值如表 3-5 所示。

表 3-5　工业化各指标在各阶段的最大值和最小值

项目	基本指标	工业化实现阶段		
		工业化初期 $K=2$	工业化中期 $K=3$	工业化后期 $K=4$
$j_k = 1$	人均 GDP（2005 年，美元）	$min_{12} = 1490$ $max_{12} = 2980$	$min_{13} = 2980$ $max_{13} = 5960$	$min_{14} = 5960$ $max_{14} = 11170$
$j_k = 2$	三次产业产值结构（%）	$min_{22} = 20$ $max_{22} = 33$	$min_{23} = 10$ $max_{23} = 20$	$\lambda_k = 66 + \dfrac{S}{I + S} * 33$
$j_k = 3$	制造业增加值占总商品增加值比（%）	$min_{32} = 20$ $max_{32} = 40$	$min_{33} = 40$ $max_{33} = 50$	$min_{34} = 50$ $max_{34} = 60$
$j_k = 4$	人口城镇化率（%）	$min_{42} = 30$ $max_{42} = 50$	$min_{43} = 50$ $max_{43} = 60$	$min_{44} = 60$ $max_{44} = 75$

续表

项目	基本指标	工业化实现阶段		
		工业化初期 $K=2$	工业化中期 $K=3$	工业化后期 $K=4$
$j_k=5$	第一产业就业占总就业比（%）	$min_{52}=45$ $max_{52}=60$	$min_{53}=30$ $max_{53}=45$	$min_{54}=10$ $max_{54}=30$

资料来源：陈佳贵等①。

（二）综合工业化阶段的判断

陈佳贵等人运用层次分析法确定了工业化阶段判断中每个指标的权重，人均 GDP 为 36%，产业产值结构为 22%，制造业增加值占比为 22%，人口城镇化率为 12%，第一产业就业占比为 8%，② 故根据每个指标的测评值与其权重的乘积即可得到我国综合工业化阶段［见式（3.15）］，可以发现前工业化阶段的综合指数为 0，工业化初期的综合指数属于 0~33（不包括 0 和 33），工业化中期的综合指数为 33~66（不包括 66），工业化后期的综合指数属于 66~100（不包括 100），后工业化阶段的综合指数为 100。

$$K=\sum_{k=1}^{n}\lambda_k\omega_k \tag{3.15}$$

式（3.15）中，K 为工业化水平的综合指数，λ_k 为第 k 个

① 陈佳贵，黄群慧，钟宏武．中国地区工业化进程的综合评价和特征分析［J］．经济研究，2006，41（6）：4-15.

② 陈佳贵，黄群慧，钟宏武．中国地区工业化进程的综合评价和特征分析［J］．经济研究，2006，41（6）：4-15.

指标的测评值，ω_k 为第 k 个指标的权重。

四、能源结构预估方法

成分数据是指所有数据存在一个常数的限制条件，显然能源结构属于成分数据。我们如果采用一些专用于不带限制条件的统计方法对成分数据进行预测将产生灾难性后果。为了克服以上困难，我们需要在预测之前对成分数据进行降维。目前，学术界主要采用两种降维方法：第一种是对原序列进行对数比变换降维，包括非对称对数比变换和对称对数比变换；[①②] 第二种是对原序列进行多维球坐标变换。[③] 前者存在的主要问题是其不适用于原始序列存在 0 的情况。本书预测的是能源结构，原始数据序列一般不存在为 0 的数据，故将采用两种降维方式对其进行预测。

我们设能源结构所构成的原成分数据为 $E=\{(e_1^t, e_2^t, \cdots, e_p^t)' \in R^p \mid \sum_{j=1}^{p} e_j^t = 1, 0 < e_j^t < 1, j=1, 2, \cdots, p, t=1, 2, \cdots, T\}$，其中 e_j^t 为 t 期不同能源种类占比，具体计算公式如下。

---

① JONES M C, AITCHISON J. The Statistical Analysis of Compositional Data [M]. London: Chapman and Hall, 1986.

② 张尧庭．成分数据统计分析引论 [M]．北京：科学出版社，2000.

③ 王惠文，刘强．成分数据预测模型及其在中国产业结构趋势分析中的应用 [J]．中外管理导报，2002 (5)：27-29.

（一）原成分数据的降维

1. 对数比变换降维

（1）非对称对数比变换

我们将原始成分数据进行非对称对数比变换，如式（3.16）所示。

$$f_j^t = log\frac{e_j^t}{e_p^t},\ j = 1,\ 2,\ \cdots,\ p-1,\ t = 1,\ 2,\ \cdots,\ T \qquad (3.16)$$

通过反变换可得由式（3.16）表示的原成分数据如式（3.17）所示。

$$\begin{cases} e_j^t = \dfrac{\exp(f_j^t)}{1 + \sum_{j=1}^{p-1} \exp(f_j^t)} \\ e_p^t = \dfrac{1}{1 + \sum_{j=1}^{p-1} \exp(f_j^t)} \end{cases} j = 1,\ 2,\ \cdots,\ p-1,\ t = 1,\ 2,\ \cdots,\ T$$

（3.17）

（2）对称对数比变换

我们将原始成分数据进行对称对数比变换，如式（3.18）所示。

$$g_j^t = log\frac{e_j^t}{\sqrt[p]{\prod_{j=1}^{p} e_j^t}},\ j = 1,\ 2,\ \cdots,\ p,\ t = 1,\ 2,\ \cdots,\ T \qquad (3.18)$$

通过反变换可得由式（3.18）表示的原成分数据，如式（3.19）所示。

$$\begin{cases} h_j^t = g_j^t - g_p^t \\ e_j^t = \dfrac{exp(h_j^t)}{1+\sum_{j=1}^{p-1} exp(h_j^t)} \quad j=1,\ 2,\ \cdots,\ p-1,\ t=1,\ 2,\ \cdots,\ T \\ e_p^t = \dfrac{1}{1+\sum_{j=1}^{p-1} exp(h_j^t)} \end{cases} \tag{3.19}$$

通过对比以上两种对数比变换方式，我们发现它们只是公式表达形式不一致，其实质具有一致性［见式（3.20）］。

$$\begin{aligned} h_j^t &= g_j^t - g_p^t \\ &= log \frac{e_j^t}{\sqrt[p]{\prod_{j=1}^{p} e_j^t}} - log \frac{e_p^t}{\sqrt[p]{\prod_{j=1}^{p} e_j^t}} \\ &= log \frac{e_j^t}{e_p^t} \\ &= f_j^t \end{aligned} \tag{3.20}$$

2. 多维球坐标变换降维

首先，我们将原数据开方变换，如式（3.21）所示。

$$w_j^t = \sqrt{e_j^t},\ j = 1,\ 2,\ \cdots,\ p;\ t = 1,\ 2,\ \cdots,\ T \tag{3.21}$$

其次，我们将通过式（3.21）变换后的数据进行直角坐标系到球面坐标系的变换，如式（3.22）所示。

$$\begin{cases} \theta_p^t = arccos\ w_p^t \\ \theta_{p-1}^t = \arccos\left(\dfrac{w_{p-1}^t}{\sin\theta_p^t}\right) \\ \vdots \\ \theta_2^t = \arccos\left(\dfrac{w_2^t}{\sin\theta_3^t \sin\theta_4^t \cdots \sin\theta_p^t}\right) \end{cases}$$

$$j=1,\ 2,\ \cdots,\ p;\ t=1,\ 2,\ \cdots,\ T \tag{3.22}$$

最后，我们通过反变换可得由式（3.22）可表示的原成分数据，如式（3.23）所示。

$$\begin{cases} w_1^t = \sin\theta_2^t \sin\theta_3^t \sin\theta_4^t \cdots \sin\theta_p^t \\ w_2^t = \cos\theta_2^t \sin\theta_3^t \sin\theta_4^t \cdots \sin\theta_p^t \\ w_3^t = \cos\theta_3^t \sin\theta_4^t \cdots \sin\theta_p^t \\ \vdots \\ w_{p-1}^t = \cos\theta_{p-1}^t \sin\theta_p^t \\ w_p^t = \cos\theta_p^t \end{cases} \quad j=1,\ 2,\ \cdots,\ p;\ t=1,\ 2,\ \cdots,\ T \tag{3.23}$$

（二）能源结构数据的预测

能源结构数据经过对数比降维和多维球坐标变换后，利用新陈代谢 GM（1，1）模型进行 f_j^t 或 g_j^t 、θ_p^t 预测，通过反变换即可得到未来各种能源占比。

（三）预测结果的检验

对属于向量的成分数据来说，预测值与真实值之间的预测误差不能以简单的相减的方法来计算，而是以成分数据向量之间的距离，即 Aitchison 距离大小来进行比较分析。平均 Aitchison 距离越小，表明预测值越准确，反之越大，这表明预测误差越大，具体计算方法如下。

我们令原成分数据为 $E^c = (e_1^t, e_2^t, \cdots, e_p^t)$ ，预测成分数据为 $E^y = (\widehat{e_1^t}, \widehat{e_2^t}, \cdots, \widehat{e_p^t})$ ，则距离为 $d(E^c, E^y) = \frac{1}{p}\sqrt{\sum_{j=1}^{p}\left(\log\left(\frac{e_1^t}{b(x)}\right) - \log\left(\frac{\widehat{e_1^t}}{b(y)}\right)\right)^2}$ ，其中，$b(x) = \sqrt[p]{\prod_{j=1}^{p} e_j^t}$ ，$b(y) = \sqrt[p]{\prod_{j=1}^{p} \widehat{e_j^t}}$ 。

第二节　动态全球一般均衡模型

经济是一个完整的有机系统，生产、消费、投资、贸易、储蓄、分配、人口、能源、环境、货币、财政、金融等经济变量相互联系、互相影响，牵一发而动全身，认识和解决任何一个具体问题，都不能仅仅面对单个问题，而必须与其他问题联系起来考虑。对现实问题的分析，我们需要用整体性和全局性的思维方式进行考虑，需要收集尽可能多的数据信息，综合多角度进行定性和定量分析，这就要求有新型的分析工具和认识工具。从构建模型的角度来说，我们对现实经济社会问题的定量分析、预测和模拟迫切需要构建大型的经济系统综合模型。碳排放涉及宏观经济、产业结构、能源消费及其结构、技术进步等诸多方面，其显然属于系统问题。

我们计算一般均衡模型（Computable General Equilibrium，CGE）以一般均衡理论为框架，以投入产出表与国民核算账户为基础，模型中的价格与数量皆为内生变量，透过内生变量之间的调整求解可作为政策模拟。我们依据不同假设可应用于多种适合 CGE 模型分析的领域，可以同时观察个体经济与总体经济因政策变化冲击的程度与方向。多区域 CGE 模型则注重在国与国之间的贸易与资金的流动往来，在国际贸易领域的应用甚广，美国普渡大学的 GTAP（Global Trade Analysis Project）模型就是多国 CGE 模型的代表。

美国普渡大学的包含能源环境模块的动态全球一般均衡模型（Dynamic Global Trade Analysis Project Energy Environment，GDyn-E）是一个多区域、多部门的动态全球一般均衡模型。GDyn-E 模型主要详细描述家庭、企业、政府等行为主体的理性经济行为，然后通过商品市场、要素市场、外贸市场等之间的经济关系，时间变量和资本理论动态地构成全球一般均衡模型。该模型目前已被广泛应用于国际贸易、区域经济、能源、气候变化等多个领域。我们对二氧化碳排放的详细刻画，主要用于分析不同国家、不同部门二氧化碳排放在不同的政策措施下的变化，对比政策前后就业、产出、福利等经济变量的变化效应。GDyn-E 模型主要分为六大模块（见图 3-1）：生产模块、投资模块、消费模块、二氧化碳排放模块、国际贸易模块、宏观经济闭合模块。相比一般的 GTAP 模型，GDyn-E 模型的优点是：(1) 更好地刻画存量数据逐年积累的过程；(2) 更能准确地模拟出政策的时效性；(3) 结果显示更直观，体现政策相对基线（baseline）的动态变化。

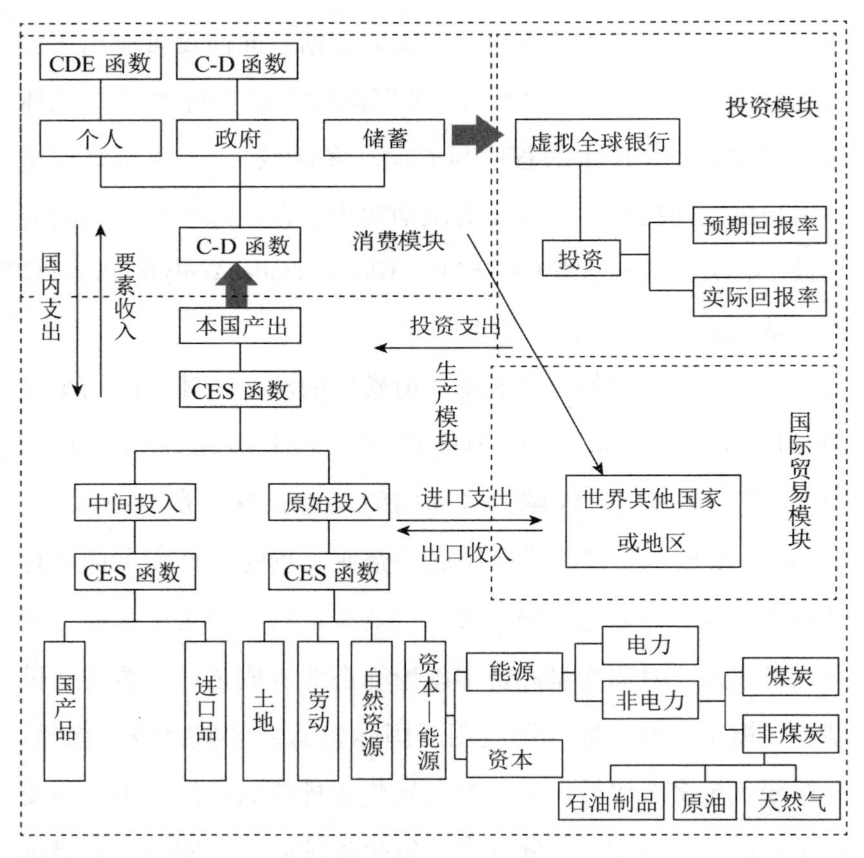

图 3-1　GDyn-E 模型结构

一、生产模块

厂商作为生产者，以嵌套生产函数决定中间产品、劳动、资本、土地、自然资源、能源等生产要素的投入需求。在每层嵌套函数上，厂商均通过常替代弹性生产函数（Constant Elasticity of Substitution，CES）决定需求，顶层嵌套函数决定中间投入和要素投入的需求［见式（3.24）至式（3.25）］，底层函数决定中间投入国产和进口的需求以及资本、劳动力和土地等生产要素的投入需求［见式（3.26）至式（3.28）］。

顶层嵌套函数：

$$qva(j,r) = -ava(j,r) + qo(j,r) - ao(j,r) - ESUBT(j) \times [pva(j,r) - ava(j,r) - ps(j,r) - ao(j,r)] \tag{3.24}$$

$$qf(i,j,r) = -af(i,j,r) + qo(j,r) - ao(j,r) - ESUBT(j) \times [pf(i,j,r) - af(i,j,r) - ps(j,r) - ao(j,r)] \tag{3.25}$$

式(3.24)至式(3.25)中，$qva(j, r)$表示区域r部门j的要素投入需求；$qf(i, j, r)$表示区域r部门j对中间投入i的需求；$qo(j, r)$表示区域r部门j的总产出；$ao(j, r)$表示区域r部门j总产出的技术进步效应；$ava(j, r)$表示区域r部门j要素投入的技术变化效应；$af(i, j, r)$表示区域r部门j中间投入i的技术进步效应；$ESUBT(j)$表示部门j的常替代弹性；$pva(j, r)$表示区域r部门j的要素投入价格；$pf(i, j, r)$表示

区域 r 部门 j 商品 i 的价格；$ps(j, r)$ 表示区域 r 部门 j 的供给价格。

中间投入函数：

$$qfm(i, j, s) = qf(i, j, s) - ESUBD(i) \times [pfm(i, j, s) - pf(i, j, s)] \quad (3.26)$$

$$qfd(i, j, s) = qf(i, j, s) - ESUBD(i) \times [pfd(i, j, s) - pf(i, j, s)] \quad (3.27)$$

式(3.26)至式(3.27)中，$qfm(i, j, s)$ 表示区域 s 部门 j 对商品 i 的进口需求；$qfd(i, j, s)$ 表示区域 s 部门 j 对商品 i 的国内需求；$qf(i, j, s)$ 表示区域 s 部门 j 对中间投入 i 需求；$ESUBD(i)$ 表示商品 i 替代弹性；$pfm(i, j, s)$ 表示区域 s 部门 j 商品 i 的进口价格；$pfd(i, j, s)$ 表示区域 s 部门 j 商品 i 的国内价格；$pf(i, j, s)$ 表示区域 s 部门 j 商品 i 的价格。

要素投入函数：

$$qfe(i, j, r) = -afe(i, j, r) + qva(j, r) - ESUBVA(j) \times [pfe(i, j, r) - afe(i, j, r) - pva(j, r)] \quad (3.28)$$

式(3.28)中，$qfe(i, j, r)$ 表示区域 r 部门 j 对生产要素 i 的需求；$afe(i, j, r)$ 表示区域 r 部门 j 生产要素 i 的技术进步效应；$qva(j, r)$ 表示区域 r 部门 j 的增加值；$ESUBVA(j)$ 表示部门 j 的产出弹性；$pfe(i, j, r)$ 表示区域 r 部门 j 生产要素 i 的价格；$pva(j, r)$ 表示区域 r 部门 j 的生产要素价格。

二、消费模块

一个国家的总产出根据总需求主要分为个人消费、政府消费及储蓄三部分，这三部分依据柯布-道格拉斯函数（Cobb-Douglas Utility Function）进行分配（见式（3.29））。

$$INCOME(r) \times u(r) = PRIVEXP(r) \times up(r) + GOVEXP(r) \times \begin{bmatrix} ug(r) - \\ pop(r) \end{bmatrix} + SAVE(r) \times [qsave(r) - pop(r)] \tag{3.29}$$

式（3.29）中，$INCOME(r)$ 表示区域 r 的收入；$u(r)$ 表示区域 r 的人均效用；$PRIVEXP(r)$ 表示区域 r 个人消费总支出；$GOVEXP(r)$ 表示区域 r 政府消费总支出；$SAVE(r)$ 表示区域 r 总储蓄；$up(r)$ 表示区域 r 个人消费的人均效用；$ug(r)$ 表示区域 r 政府消费的人均效用；$pop(r)$ 表示区域 r 的总人口；$qsave(r)$ 表示区域 r 储蓄量。

（一）个人消费

个人消费者通过固定差异弹性（constant difference elasticity, CDE）函数决定商品的消费需求［见式（3.30）］。

$$qp(i, r) - pop(r) = sum(UP\_COMM, EP(i, k, r) \times pp(r)) + EY(i, r) \times [yp(r) - pop(r)] \tag{3.30}$$

式(3.30) 中，$qp(i, r)$ 表示区域 r 个人对商品 i 的需求；$pop(r)$ 表示区域 r 的总人口；$EP(i, r)$ 表示区域 r 个人对商品 i 需求的非消费弹性；$pp(r)$ 表示区域 r 的个人购买价格指数；

$EY(i, r)$ 表示区域 r 个人对商品 i 需求的收入弹性；$yp(r)$ 表示区域 r 的个人消费支出。

（二）政府消费

政府通过柯布-道格拉斯函数（Cobb- Douglas，CD）决定商品的消费需求［见式（3.31）］。

$$qg(i,r) - pop(r) = ug(r) - ELGUG(r) \times [pg(i,r) - pgov(r)] \quad (3.31)$$

式(3.31) 中，$qg(i, r)$ 表示区域 r 政府对商品 i 的需求；$pop(r)$ 表示区域 r 的总人口；$pgov(r)$ 表示区域 r 的政府购买价格指数；$ug(r)$ 表示区域 r 政府消费的人均效用；$pg(i, r)$ 表示区域 r 商品 i 的政府购买价格；$ELGUG(r)$ 表示区域 r 政府消费商品之间的替代系数，且 $pgov(r)$ 具体可如式(3.32) 所示。

$$pgov(r) = sum\{i, TRAD\_COMM, [VGA(i,r) / GOVEXP(r)] \times pg(i,r)\} \quad (3.32)$$

式(3.32) 中，$VGA(i, r)$ 表示区域 r 政府以市场价格对商品 i 的消费支出，$GOVEXP(r)$ 表示区域 r 的政府总支出，$pg(i, r)$ 表示区域 r 商品 i 的政府消费价格。

（三）储蓄

储蓄作为内生变量，是收入的函数，并非收入的固定比例，如式（3.33）所示。

$$qsave(r) = y(r) - psave(r) + saveslack(r) \quad (3.33)$$

式（3.33）中，$qsave(r)$ 表示区域 r 储蓄量；$psave(r)$ 表示

区域 r 储蓄价格；$saveslack(r)$ 表示区域 r 储蓄的松弛程度；$y(r)$ 表示区域 r 的总收入。

三、投资模块

在 GDyn-E 模型中，投资者根据资本预期回报率决定投资量，且为了更贴近现实世界，GDyn-E 模型允许投资者的资本预期回报率与实际回报率存在误差，投资者随着时间会调整其预期回报率，直至消除误差匹配实际回报率。具体来说，每个时期不同区域的投资者在全球投资等于储蓄的约束下根据资本预期回报率决定投资。我们假设每个国家或地区的储蓄进入一个虚拟的全球银行，银行根据资本预期回报率决定投资的流向，从低预期回报率区域流向高预期回报率区域，直至预期回报率的平均化，同时，资本预期回报率更加趋向实际回报率。①

$$rorge(r) = -RORGFLEX(r) \times [qk(r) - 100.0 \times KHAT(r) \times time] - 100.0 \times LAMBRORGE(r) \times ERRRORG(r) \times time \tag{3.34}$$

式(3.34)中，$rorge(r)$ 表示区域 r 的资本预期回报率；$RORGFLEX(r)$ 表示区域 r 的资本回报率的变动；$qk(r)$ 表示区域 r 的资本；$KHAT(r)$ 表示区域 r 资本存量价格中性增长率；

① GOLUB A. Analysis of Climate Policies with GDyn-E [EB/OL]. Semantic Scholar, 2013-09.

$LAMBRORGE(r)$ 表示区域 r 资本预期回报率的调整系数；$ERRRORG(r)$ 表示区域 r 资本预期回报率与实际回报率的误差。

$$GLOBVK \times DRORW = sum\{r, REG, VK(r) \times DROR(r) + [RORNET(r) - RORNWORLD] \times VK(r) \times [pcgds(r) + qk(r)]\} \tag{3.35}$$

式(3.35)中，$GLOBVK$ 表示世界资本存量价值；$DRORW$ 表示世界资本平均回报率；$VK(r)$ 表示区域 r 的资本存量价值；$DROR(r)$ 表示区域 r 资本回报率；$RORNET(r)$ 表示区域 r 资本净回报率；$RORNWORLD$ 表示世界平均资本净回报率；$pcgds(r)$ 表示区域 r 投资品价格；$qk(r)$ 表示区域 r 资本存量数量。

四、国际贸易模块

在 GDyn-E 模型中，国家或地区间通过贸易建立联系：一是某个国家或地区，来自不同地区的进口商品与国内商品之间存在非完全替代关系，遵循阿明顿假设；二是不同国家或地区之间由于本国的进出口商品补贴和（或）关税决定离岸价格和到岸价格。

阿明顿假设：

$$qxs(i, r, s) = -ams(i, r, s) + qim(i, s) - ESUBM(i) \times [pms(i, r, s) - ams(i, r, s) - pim(i, s)] \tag{3.36}$$

式(3.36)中，$qxs(i, r, s)$ 表示区域 r 商品 i 出口到区域 s 的数量；$ams(i, r, s)$ 表示区域 s 从区域 r 进口商品 i 的技术进步；$qim(i, s)$ 表示区域 s 商品 i 的总进口量；$ESUBM(i)$ 表示商品 i 的阿明顿系数；$pms(i, r, s)$ 表示区域 s 从区域 r 进口商品 i 的市场价格；$pim(i, s)$ 表示区域 s 进口商品 i 的市场价格。

离岸价格：

$$pfob(i, r, s) = pm(i, r) - tx(i, r) - txs(i, r, s) \tag{3.37}$$

式(3.37)中，$pfob(i, r, s)$ 表示区域 r 商品 i 出口到区域 s 的离岸价格；$pm(i, r)$ 表示区域 r 商品 i 的市场价格；$tx(i, r)$ 表示区域 r 对出口商品 i 的补贴率；$txs(i, r, s)$ 表示商品 i 从区域 r 出口到区域 s 的补贴率。

到岸价格：

$$pms(i, r, s) = tm(i, s) + tms(i, r, s) + pcif(i, r, s) \tag{3.38}$$

式(3.38)中，$pms(i, r, s)$ 表示区域 r 从区域 s 进口商品 i 的市场价格；$tm(i, s)$ 表示区域 s 对商品 i 的进口税率；$tms(i, r, s)$ 表示商品 i 从区域 r 进口到区域 s 的进口税率；$pcif(i, r, s)$ 表示商品 i 从区域 r 进口到区域 s 的到岸价格。

五、二氧化碳排放模块

GDyn-E 模型的一个主要特点是它包含了与化石燃料有关的二氧化碳排放量有关的数据，使该模型可以评估碳排放对不同国家或地区经济及贸易的影响。二氧化碳排放根据不同能源种类的消费数量和二氧化碳排放因子的乘积所得，可以分为个人、企业及政府的二氧化碳排放量。

$$CO_2(e, r) = \left[\frac{C(e)}{V(e)}\right]\left[\frac{V(e)}{Q(e)}\right]\{\sum_j CO_2DF(e, j, r) + \sum_j CO_2IF(e, j, r) + CO_2DG(e, r) + CO_2IG(e, r) + CO_2DP(e, r) + CO_2IP(e, r)\} \quad (3.39)$$

式（3.39）中，$CO_2(e, r)$ 表示区域 r 能源产品 e（煤、石油、天然气等）二氧化碳排放总量，以百万吨表示；$\frac{V(e)}{Q(e)}$ 表示每单位能源产品折算成等价的原油数量，$\frac{C(e)}{V(e)}$ 表示每百万吨原油排放的二氧化碳数量；$CO_2DF(e, j, r)$ 表示区域 r 进口商品 j 消耗能源产品 e 的二氧化碳排放量；$CO_2IF(e, j, r)$ 表示区域 r 国内商品 j 消耗能源产品 e 的二氧化碳排放量，$CO_2IG(e, r)$ 表示区域 r 政府消费进口能源产品 e 的二氧化碳排放量；$CO_2DG(e, r)$ 表示区域 r 政府消费国内能源产品 e 的二氧化碳排放量；$CO_2DP(e, r)$ 表示区域 r 私人消费国内能源产品 e 的二氧化碳排放量；$CO_2IP(e, r)$ 表示区域 r 私人消费进口能源产品 e 的二氧化碳排放量。

综上，社会福利的变化主要来自七个部分［见式（3.40）］：第一部分是消费偏好变化对福利的影响［见式（3.41）］，包括个人消费、政府消费和储蓄，该项一般为零，因为一般模型中的消费偏好是固定不变的；第二部分是经济配置效率变化对福利的影响［见式（3.42）］，主要源于经济扭曲和经济中资源再分配等；第三部分是要素禀赋变化对福利的影响［见式（3.43）］，一般劳动力、土地等增长会提高福利；第四部分是折旧对福利的影响［见式（3.44）］，因为资本变化同时会引起其折旧的变化；第五部分是技术变化对福利的影响［见式（3.45）］；第六部分是贸易变化对福利的影响［见式（3.46）］；第七部分是人口变化对福利的影响［见式（3.47）］，具体如下：

$$W=PRS+AE+ED-DF+TE+TR+POP \tag{3.40}$$

其中，W 表示社会福利的水平变化；PRS 表示消费偏好变化；AE 表示经济配置效率变化；ED 表示要素禀赋变化；DP 表示折旧变化；TE 表示技术变化；TR 表示贸易变化；POP 表示人口变化。

$$PRS=-(0.01\times RTILELASEV\times INCOMEEV)\times[DPARPRIV\times \log e(UTILPRIVEV/UTILPRIV)\times dp\widehat{priv}+DPARGOV\times \log e(ETILGOVEV/UTILGOV)\times dp\widehat{gov}+DPARSAVE\times \log e(UTILSAVEEV/UTILSAVE)\times dp\widehat{save} \tag{3.41}$$

其中，*RTILELASEV* 表示效用弹性；*INCOMEEV* 表示总收入；*DPARPRIV* 表示个人消费的分配系数；*UTILPRIVEV* 表示以EV衡量的个人消费效用；*UTILPRIV* 表示个人消费的效用；$\widehat{dppriv}$ 表示个人消费的分配系数变化率；*DPARGOV* 表示政府消费的分配系数；*ETILGOVEV* 表示以EV衡量的政府消费效用；*UTILGOV* 表示政府消费的效用；$\widehat{dpgov}$ 表示政府消费的分配系数变化率；*DPARSAVE* 表示储蓄的分配系数；*UTILSAVEEV* 表示以EV衡量的储蓄效用；*UTILSAVE* 表示储蓄的效用；$\widehat{dpsave}$ 表示储蓄的分配系数变化率。其余变量的定义与上述一致。

$$AE = 0.01 \times EVSCALFACT \times [PTAX \times (\widehat{qo} = \widehat{pop}) + ETAX \times (\widehat{qfe} - \widehat{pop}) + (IFCTAX + IFTAX) \times (\widehat{qfm} - \widehat{pop}) + (DFCTAX + DFTAX) \times (\widehat{qfd} - \widehat{pop}) + (IPCTAX + IPTAX) \times (\widehat{qpm} - \widehat{pop}) + (DPCTAX + DPTAX) \times (\widehat{qpd} - \widehat{pop}) + (IGCTAX + IGTAX) \times (\widehat{qgm} - \widehat{pop}) + (DGCTAX + DGTAX) \times (\widehat{qgd} - \widehat{pop}) + XTAXD \times (\widehat{qt} - \widehat{pop}) + MTAX \times (\widehat{qt} - \widehat{pop})] \quad (3.42)$$

其中，*EVSCALFACT* 表示与收入边际效用变化相关的规模因子；*PTAX* 表示产出税；*ETAX* 表示要素禀赋税；$\widehat{qfe}$ 表示要素禀赋的变化率；*DFTAX* 表示企业消费的国产品税；*DFCTAX* 表示企业消费的国产品碳税；$\widehat{qfd}$ 表示企业消费的国产品的变化率；*IFTAX* 表示企业消费的进口品税；*IFCTAX* 表示企业消费的进口品碳税；$\widehat{qfm}$ 表示企业消费的进口品的变化率；*DPTAX* 表示个人消费的国产品税；*DPCTAX* 表示个人消费的国产品碳税；$\widehat{qpd}$ 表示个人消费的国产品的变化率；$IPTAX$ 表示个人消费的进口品税；$IPCTAX$ 表示个人消费的进口品碳税；$\widehat{qpm}$ 表示个人消费的进口品的变化率；$IGTAX$ 表示政府消费的进口品税；$IGCTAX$ 表示政府消费的进口品碳税；$\widehat{qgm}$ 表示政府消费的进口品的变化率；$DGTAX$ 表示政府消费的国产品税；$DGCTAX$ 表示政府消费的国产品碳税；$\widehat{qgd}$ 表示政府消费的国产品的变化率；$XTAXD$ 表示出口税；$MTAX$ 表示进口税；$\widehat{qt}$ 表示出口量的变化率；$\widehat{pop}$ 表示人口的变化率。其余变量的定义与上述一致。

$$ED = 0.01 \times EVSCALFACT \times [VOA * (\widehat{qo} - \widehat{pop})] \quad (3.43)$$

其中，VOA 表示以代理价衡量的总产出；其余变量的定义与上述一致。

$$DP = 0.01 \times EVSCALFACT \times [VDEP \times (\widehat{kb} - \widehat{pop})] \quad (3.44)$$

其中，$VDEP$ 表示资本折旧的价值；$\widehat{kb}$ 表示期初资本的变化率。其余变量的定义与上述一致。

$$TE = 0.01 \times EVSCALFACT \times (VOA \times \widehat{ao} + VFA \times \widehat{af} + VTMFSD \times \widehat{atmfsd} + VIMS \times \widehat{ams}) \quad (3.45)$$

其中，VFA 表示以代理价衡量的总支出；$VTMFSD$ 表示国际运输总支出；$\widehat{atmfsd}$ 表示国际运输商品的技术变化率；$VIMS$ 表示以国内市场价衡量的总进口；$\widehat{ams}$ 表示进口商品的技术变化率。其余变量的定义与上述一致。

$$TP = 0.01 \times EVSCALFACT \times (VXWD + \widehat{pfob} + VST \times \widehat{pm} + NETINV \times \widehat{pcgds} - VTMD \times \widehat{pt} - SAVE \times \widehat{psave}) \quad (3.46)$$

其中，$VXWD$ 表示出口额；$\widehat{pfob}$ 表示出口商品离岸价格的变化率；VST 表示国际运输额；$\widehat{pm}$ 表示商品市场价的变化率；$NETINV$ 表示投资品总额；$\widehat{pcgds}$ 表示投资品价格的变化率；$VTMD$ 表示出口服务的总额；$\widehat{pt}$ 表示服务价格的变化率；$SAVE$ 表示储蓄；$\widehat{psave}$ 表示储蓄的价格。其余变量的定义与上述一致。

$$POP = 0.01 \times INCOMEEV \times \widehat{pop} \tag{3.47}$$

其中，变量定义与上述一致。

六、宏观经济闭合模块

GDyn-E 模型是根据宏观经济理论形成的全球动态一般均衡模型，其模型结构被称为宏观闭合，包括内外生变量设置、市场出清、生产厂商零利润、家计部门收支平衡等基本假设。一般变量主要有三种闭合可供选择：（1）新古典闭合，特征为所有要素价格和商品价格都是完全弹性的，由模型内生决定，而要素，如劳动和资本的现有实际供应量都充分利用；（2）凯恩斯闭合，特征为在经济萧条时，大量劳动人员失业，资本闲置，因此生产要素和资本的供应量不受限制，就业内生，由市场需求决定，而要素的价格是固定的；（3）路易斯闭合，特征为资本紧缺，但在劳动力市场上有大量剩余劳动力，劳动力价格被固定在生产工资水平上，但在这个价格上，劳动力供应量是无限的。研究者会根据各自的研究目的设置不同的宏观闭合，外生变量一般有人口、GDP、熟练劳动力、非熟练劳动力等，其余变量均为内生变量，均衡条件包括劳动力市场出清、消费市场出清、投资市场出清、消费者效用最大化、生产厂商利润最大化等。此外，GDyn-E模型依据外生变量的时间变化趋势和资本理论通过递归动态方法进行动态研究。全球一般均衡模型会选择任何种单一价格或者价格指数作为模型的基准价格，默认的基准价格是要素报酬的全球价格指数。这个基准价格是所有要素、生产活动以及地区加总后的价格，代表全球对要素禀赋的平均回报，具体见式（3.48）。

$$P^{w} = \sum_{e} \sum_{a} \sum_{r} \varphi_{e,a,r} \times P_{e,a,r} \tag{3.48}$$

其中，P^{w} 表示全球价格指数；$\varphi_{e,a,r}$表示区域 r 的生产活动 a 的要素禀赋 e 在全球要素禀赋中的份额；$P_{e,a,r}$表示区域 r 的生产活动 a 的要素禀赋 e 在要素市场的均衡价格。

本章小结

本章归纳总结了驱动二氧化碳排放的社会经济关键因素未来发展预估的方法学，以及包含能源环境模块的动态全球一般均衡模型，为后文 2035 年之前我国社会经济发展关键因素和二氧化碳排放发展趋势测算奠定了基础。本章主要结论如下。

第一，通过文献综述和专家咨询发现影响二氧化碳排放的社会经济关键因素主要分为三类：一是经济因素，包括 GDP、产业结构、工业化进程、城镇化率等；二是社会因素，包括人口等；三是资源禀赋因素，包括能源结构等。

第二，GDP 和人口是一个国家的重要宏观经济指标，影响因素众多且复杂，一般国内外相关领域的专家均会进行预测，个人预测结果的不确定性偏高，文献中通常采用外引方式，因此本书对 GDP 和人口的未来发展趋势也采用外引方式。城镇化率以现有研究三种主要方法，即 Logistic 增长模型、新陈代谢 GM（1，1）模型、经济因素相关关系类模型等来预测；能源结构和产业结构以成分数据的对数比变换降维和多维球坐标变换降维及新陈代谢 GM（1，1）模型预测为主；工业化进程参考陈佳贵等学者①的工业化进程判断方法判断。

第三，包含能源环境模块的动态全球一般均衡模型是一个多区域、多部门的动态全球一般均衡模型，主要分为生产模块、消费模块、投资模块、国际贸易模块、二氧化碳排放模块、宏观经济闭合模块等。相比一般的均衡模型，该模型的优点：①更好地刻画存量数据逐年积累的过程；②更能准确地模拟出政策的时效性；③结果显示更直观，体现政策相对基线（baseline）的动态变化。

---

① 陈佳贵，黄群慧，钟宏武．中国地区工业化进程的综合评价和特征分析[J]．经济研究，2006，41（6）：4-15.

第四章

驱动碳排放变化的社会经济关键因素发展趋势研究

本章在第三章研究方法学的基础上，以最新的数据研究了驱动碳排放变化的社会经济关键因素发展趋势，可以更加准确地把握我国未来的社会经济发展变化，并为下文我国未来二氧化碳排放变化趋势以及全球二氧化碳排放格局的分析提供了基础。

第一节　城镇化率发展趋势

一、数据来源

本书所指的城镇化率是以通常意义上的城镇常住人口占总人口的比重来计算，预测城镇化率的原始数据序列以 1990 年为起始年（见表 4-1），其中 1990—2010 年的数据采用李恩平的修正数据。[1] 2011 年之后的数据来自国家统计局，主要是由于 1981 年以前（包括 1981 年）的城镇人口统计数为户籍人口数，不包括在城镇中的农业人口数，1984 年和 1986 年的市镇设置标准下降，导致市镇人口增多。1990 年，第四次人口普查对城镇人口统计采用了新的标准，总体上基本能反映我国当时的实际情况，[2] 但是第四次人口普查和第五次普查统计数据的口径存在差异，需要进行修正。此外，本书采用的 GDP 和人均 GDP 数据来自国家统计局，并运用以 2005 年为基期的 GDP 平减指数进行调整来消除价格非正常变化对 GDP 的影响。预测城镇化率所需的 GDP 和人均 GDP，2035 年之前的预测值来自法国国际信息和展望研究中心 CEPII，均为价格平减后的数据。

表 4-1　我国 1990—2019 年修正后的城镇化率

年份	1990	1991	1992	1993	1994	1995
修正值	26.66%	26.59%	28.85%	29.78%	30.68%	31.47%
年份	1996	1997	1998	1999	2000	2001
修正值	32.11%	33.18%	34.13%	35.12%	36.18%	37.66%
年份	2002	2003	2004	2005	2006	2007
修正值	39.09%	40.53%	41.76%	43.10%	44.44%	45.98%

① 李恩平．基于六普、五普的城镇化人口统计数据修补［J］．人口与经济，2012（4）：64-70.

② 周一星，于海波．以“五普”数据为基础对我国城镇化水平修补的建议［J］．统计研究，2002（4）：44-47.

续表

年份	2008	2009	2010	2011	2012	2013
修正值	47.09%	48.44%	49.79%	51.27%	52.57%	53.73%
年份	2014	2015	2016	2017	2018	2019
修正值	54.77%	56.10%	57.35%	58.52%	59.58%	60.60%

数据来源：李恩平①和国家统计局官网。

二、Logistic 增长模型预测结果

通过式（3.1）与 d 和 C 的第二种计算方法得到的城镇化率 Logistic 曲线为式（4.1），该式子的系数通过 t 检验，可决系数和调整的可决系数均达到 0.99 以上，对比 1990—2023 年城镇化率预测值和修正值，我们发现它们之间的误差绝对值均在 0.001~0.020 之间，误差较小，具有较高的预测准确性。我们基于式（4.1）可得到我国 2035 年之前城镇化率水平预测值（见表 4-2）。预测结果显示，我国城镇化率继续增长，年均增长率逐渐平缓，2028 年城镇化率（70.99%）高于 70%进入稳定发展阶段。2024—2028 年，我国城镇化率从 66.61%增加到 70.99%，年均增长 1.1 个百分点，我国仍然有较快的增长速度。随着我国城镇化率在 2028 年进入稳定发展阶段，我国年

① 李恩平．基于六普、五普的城镇化人口统计数据修补［J］．人口与经济，2012（4）：64-70.

均增长下降了 0.97 个百分点，在 2030 年达到 73.04%，2035 年为 77.76%，逐渐达到 OECD 国家 80%的平均水平。①

$$u_i = \frac{1}{1 + 2.987e^{-0.0513t}} \tag{4.1}$$

表 4-2 Logistic 增长模型的城镇化率预测结果

年份	城镇化率的预测值	预测值与修正值的差距
1990	26.05%	−0.006
1991	27.05%	0.005
1992	28.06%	−0.008
1993	29.11%	−0.007
1994	30.17%	−0.005
1995	31.25%	−0.002
1996	32.36%	0.003
1997	33.49%	0.003
1998	34.63%	0.005
1999	35.80%	0.007
2000	36.98%	0.008
2001	38.17%	0.005
2002	39.38%	0.003
2003	40.61%	0.001

① 数据来自世界银行数据库。

续表

年份	城镇化率的预测值	预测值与修正值的差距
2004	41. 84%	0. 001
2005	43. 09%	0. 000
2006	44. 34%	-0. 000
2007	45. 60%	-0. 004
2008	46. 87%	-0. 002
2009	48. 14%	-0. 003
2010	49. 42%	-0. 004
2011	50. 69%	-0. 006
2012	51. 97%	-0. 006
2013	53. 24%	-0. 005
2014	54. 51%	-0. 003
2015	55. 77%	-0. 003
2016	57. 02%	-0. 003
2017	58. 27%	-0. 003
2018	59. 50%	-0. 001
2019	60. 72%	0. 001
2020	61. 93%	-0. 020
2021	63. 13%	-0. 016
2022	64. 31%	-0. 009

续表

年份	城镇化率的预测值	预测值与修正值的差距
2023	65.47%	-0.007
2024	66.61%	—
2025	67.74%	—
2026	68.84%	—
2027	69.93%	—
2028	70.99%	—
2029	72.03%	—
2030	73.04%	—
2031	74.03%	—
2032	75.00%	—
2033	75.95%	—
2034	76.87%	—
2035	77.76%	—

三、新陈代谢 GM（1，1）模型预测结果

新陈代谢 GM（1，1）模型选择的原始数据维数不是越多越好，需要选择适当的维数，[①] 但建模要求一般不少于 5 维。学者对城镇化率的预测选择维数具有差异，如兰海强等人选择

① 白先春，李炳俊．基于新陈代谢 GM（1，1）模型的我国人口城市化水平分析［J］．统计与决策，2006（5）：40-41.

了6维，[1] 王瑞娜和唐德善选择了7维，[2] 白先春和李炳俊选择了5维，[3] 本书采用7维，即我国进入经济新常态时期以来的数据进行未来城镇化率水平的预测。我们可知新陈代谢GM（1，1）模型原始列 u^0 = {53.73%，54.77%，56.10%，57.35%，58.52%，59.58%，60.60%}。新陈代谢GM（1，1）模型是传统GM（1，1）模型预测过程的多次循环，为了节省文章篇幅，本书以最初年城镇化率预测值的生成过程为例进行说明。

（一）生成列

原始列进行一次累加，可得生成列为 u^1 = {53.73%，108.50%，164.60%，221.95%，280.47%，340.05%，400.65%}。

（二）准光滑性和准指数检验

我们已知 $k = 7$，根据式（3.3）至式（3.4）可得 $\rho(4) = 0.35$，$\rho(5) = 0.26$，$\rho(6) = 0.21$，$\rho(7) = 0.18$，$\sigma(4) = 1.35$，$\sigma(5) = 1.26$，$\sigma(6) = 1.21$，$\sigma(7) = 1.18$，则当 $k > 3$ 时，$\rho(k) \in [0,\ 0.5]$，$\sigma(k) \in [1,\ 1.5]$，这意味着城镇化率这一变量适合用GM（1，1）模型进行预测。

---

① 兰海强，孟彦菊，张炯．2030年城镇化率的预测：基于四种方法的比较［J］．统计与决策，2014（16）：66-70.

② 王瑞娜，唐德善．基于改进的灰色GM（1，1）模型的人口预测［J］．统计与决策，2007（20）：93-95.

③ 白先春，李炳俊．基于新陈代谢GM（1，1）模型的我国人口城市化水平分析［J］．统计与决策，2006（5）：40-41.

（三）紧邻均值生成序列构建

我们由式（3.5）可得紧邻均值生成序列：$z_k^1 = \{81.11\%, 136.55\%, 193.27\%, 251.21\%, 310.26\%, 370.35\%\}$。

（四）微分方程建立

我们由式（3.6）解得 $a = -0.0201$；$b = 0.5332$，即微分方程为 $\frac{du^1}{dt} - 0.0201u^1 = 0.5332$。

我们由式（3.7）和式（3.8）可得 2020 年城镇化率 $\hat{u}_8^0 = 62.00\%$。

（五）模型检验

1. 残差检验

我们由式（3.9）可得平均模拟相对误差 $\bar{v}^0 = 0.0017$，可知精度等级好。

2. 关联度检验

$$|s| = \sum_{k=2}^{6}(u_k^0 - u_1^0) + \frac{1}{2}(u_7^0 - u_1^0) = 0.2111$$

$$|\hat{s}| = \sum_{k=2}^{6}(\hat{u}_k^0 - \hat{u}_1^0) + \frac{1}{2}(\hat{u}_7^0 - \hat{u}_1^0) = 0.2101$$

$$|s - \hat{s}| = |0.2111 - 0.2101| = 0.001$$

$$r = \frac{1 + |s| + |\hat{s}|}{1 + |s| + |\hat{s}| + |s - \hat{s}|} = 0.9993$$

易知 $r > 0.6$，预测结果合格。

3. 后验差检验

对均方差比检验，由相关数据可得绝对残差序列标准差 $S_2 = 0.00122$，原始序列标准差 $S_1 = 0.0233$，则均方差比 $S = \frac{S_2}{S_1} = \frac{0.00122}{0.0233} = 0.0524$，可知精度等级好。

对小误差概率检验，由式（3.12）计算可得 $P = \{|u_k^0 - \widehat{u_k^0}| < 0.6745 S_1\} = 1$，可知精度等级好。

我们对上述过程的循环重复可得 2024—2035 年的城镇化率预测值如表 4-3 所示，相关的检验结果如表 4-4 所示。我们将表 4-4 与表 4-2 对比可知，预估模型的平均模拟相对误差、均方差比、小误差概率、关联度均已通过检验，城镇化率的预测值具有较高的准确性。预测结果显示，我国城镇化率在 2035 年之前将继续快速增长，由 2024 年的 66.32%增加到 2035 年的 80.73%，其中 2028 年城镇化率高于 70%（71.25%），进入稳定发展阶段，2035 年高于 80%，达到 OECD 国家城镇化率平均水平（80%）[①]，达到 80.73%。

表 4-3 新陈代谢 GM（1，1）模型的城镇化率预测结果

年份	2024	2025	2026	2027	2028	2029
预测值	66.32%	67.53%	68.75%	69.99%	71.25%	73.54%

① 数据来自世界银行数据库。

年份	2030	2031	2032	2033	2034	2035
预测值	73.84%	75.17%	76.53%	77.90%	79.30%	80.73%

表 4-4　新陈代谢 GM（1，1）模型群的检验结果

GM 模型	平均模拟相对误差 $\bar{v}^0$	均方差比 S	小误差概率 P	关联度 r	检验等级
2024 预测	0.00013	0.00570	1	1.0000	好
2025 预测	0.00007	0.00390	1	0.9999	好
2026 预测	0.00007	0.00360	1	1.0000	好
2027 预测	0.00007	0.00330	1	1.0000	好
2028 预测	0.00004	0.00200	1	0.9999	好
2029 预测	0.00003	0.00099	1	1.0000	好
2030 预测	0.00002	0.00140	1	0.9999	好
2031 预测	0.00003	0.00140	1	0.9999	好
2032 预测	0.00002	0.00083	1	0.9999	好
2033 预测	0.00002	0.00100	1	0.9999	好
2034 预测	0.00002	0.00070	1	0.9999	好
2035 预测	0.00002	0.00071	1	0.9999	好

四、经济因素相关关系类模型预测结果

为了消除可能存在的异方差影响，本书以去除价格因素的人均 GDP、GDP 与城镇化率的对数函数形式进行检验与回归。

大多数经济因素时间序列数据都是非平稳的，需要进行单位根检验和协整检验避免伪回归问题。本书通过 ADF 单位根检验发现人均 GDP、GDP 与城镇化率的对数函数形式均在水平值下平稳（5%的显著性水平），故可以直接建模估计。建模估计后，我们通过 LM 检验发现所建模型均存在序列自相关问题，运用广义最小二乘法估计模型消除序列自相关后得到的结果如式（4.2）至式（4.5）所示，系数均通过了 t 检验，且由 R^2 和 $\bar{R}^2$ 及 $D.W.$ 值可判断，回归模型拟合效果较好，不存在序列自相关问题，故以此进行城镇化率的预测是可行的。本书以 CEPII 预测的 2035 年之前人均 GDP 和 GDP 代入式（4.2）和式（4.4）中，可得相应时间段的城镇化率预测值如表 4-5 所示。结果显示，在 2035 年之前，以 GDP 和人均 GDP 预测的城镇化率均将有大幅度的提升，呈现单调递增趋势。以 GDP 预测的城镇化率从 67.12%增加到 81.07%，其中 2027 年的城镇化率高于 70%，进入稳定发展阶段，2035 年的城镇化率高于 80%，达到目前 OECD 国家的城镇化率的平均水平（80%）。[①] 以人均 GDP 预测的城镇化率从 67.18%增加到 82.17%，也是在 2027 年进入稳定发展阶段，不过达到 80%的时间比 GDP 预测的结果稍微早一年，在 2034 年就已达到。我们对比以 GDP 和人均 GDP 预测的城镇化率发现，后者的预测结果均高于前

① 数据来自世界银行数据库。

者，不过两者预测结果相差较小，最高差 1.1 个百分点。2025 年它们分别为 68.38%、68.50%，相差 0.12 个百分点；2030 年它们分别为 74.73%、75.24%，相差 0.51 个百分点；2035 年它们分别为 81.07%、82.17%，相差 1.1 个百分点。

（a）城镇化率与 GDP 的回归模型：

$$Ln\,\widehat{u_i} = 4.2716 + 0.3176 Ln\,GDP_i \qquad (4.2)$$

（333.81）（41.67）

$$\widehat{e_i} = 0.6558\,\widehat{e_{i-1}}(4.37) \qquad (4.3)$$

$$R^2 = 0.9983,\ \bar{R}^2 = 0.9982,\ D.W. = 1.83$$

式（4.2）至式（4.3）中，$Ln\,\widehat{u_i}$ 为第 i 年城镇化率对数形式的估计值，$Ln\,GDP_i$ 为第 i 年 GDP 的对数形式，$\widehat{e_i}$ 为第 i 年残差的估计值，$\widehat{e_{i-1}}$ 为第 $i-1$ 年残差的估计值。

（b）人均 GDP 与城镇化率的回归模型：

$$Ln\,\widehat{u_i} = 4.3952 + 0.3393 Ln\,PGDP_i \qquad (4.4)$$

（211.62）（29.70）

$$\widehat{e_i} = 0.7383\,\widehat{e_{i-1}} \qquad (4.5)$$

（5.38）

$$R^2 = 0.9983,\ \bar{R}^2 = 0.9981,\ D.W. = 1.92$$

式（4.4）至式（4.5）中 $Ln\,\widehat{u_i}$、$\widehat{e_i}$、$\widehat{e_{i-1}}$ 的定义与式（4.2）至式（4.3）一致，$Ln\,PGDP_i$ 为第 i 年人均 GDP 的对数形式。

表 4-5 经济因素相关关系类模型的城镇化率预测值

预测年份	①GDP	②人均 GDP	①-②
2024	67. 12%	67. 18%	-0. 0006
2025	68. 38%	68. 50%	-0. 0012
2026	69. 65%	69. 83%	-0. 0018
2027	70. 91%	71. 16%	-0. 0025
2028	72. 18%	72. 51%	-0. 0033
2029	73. 45%	73. 87%	-0. 0042
2030	74. 73%	75. 24%	-0. 0051
2031	76. 00%	76. 61%	-0. 0061
2032	77. 27%	77. 99%	-0. 0072
2033	78. 54%	79. 37%	-0. 0083
2034	79. 80%	80. 77%	-0. 0097
2035	81. 07%	82. 17%	-0. 0110

五、城镇化率发展趋势综合分析

综合分析我国 2035 年之前城镇化率预测结果，即 Logistic 增长模型、新陈代谢 GM（1，1）模型、经济因素相关关系类模型等三种预估方法得到的城镇化率预测值（见图 4-1），我们可以发现 2035 年之前城镇化率呈现线性增长趋势，且有较大的提高，2025 年平均城镇化率为 68. 04%，2030 年为 74. 21%，2035 年为 80. 43%。我们对比预测城镇化率的四种结果绝对值发现，经济因素相关关系类模型的人均 GDP 的预测结果是结果中最大的，GDP 次之，接着是 Logistic 增长模型最小。我们从四种结果之间的差异值来看，在 2024—2026 年时间段，四种结果相差甚小，最大值与最小值差额小于 1%，但从 2027 年开始，四种结果之间的差额不断增大，从 2027 年最大值与最小值差额的 1.23%线性增加到 2035 年的 4.41%。

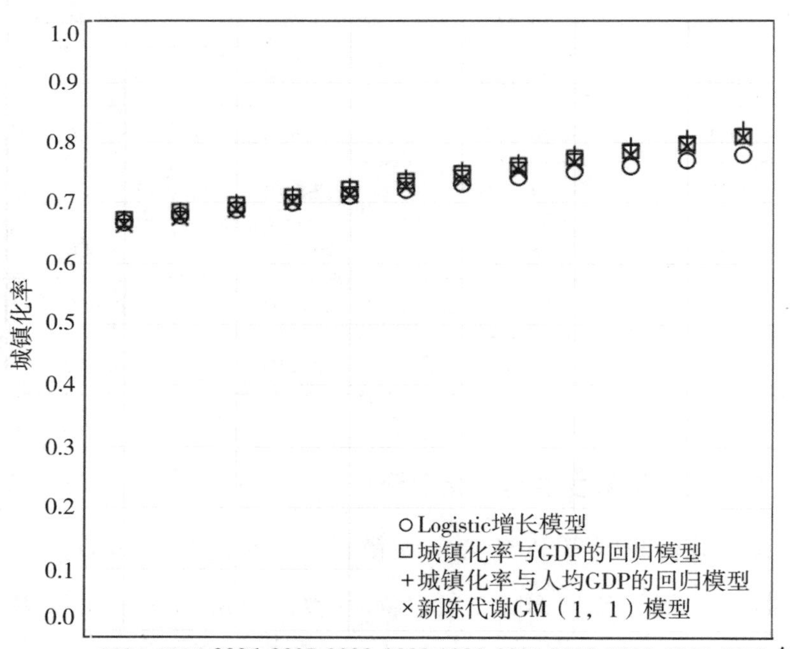

图 4-1　我国 2035 年之前城镇化率的预测结果对比

第二节　工业化发展趋势

一、数据来源与处理

本书预测工业化进程所需的原始数据均来自国家统计局网站，其中三次产业占 GDP 比例、制造业增加值占总商品生产部门增加值的比重、第一产业就业占总就业的比重均来自最新对应的《中国统计年鉴》。本书所需的 2035 年之前的人均 GDP 预测数据来自法国国际信息和展望研究中心（CEPII）（已为价格平减后的数据），城镇化率和第一产业就业占总就业的比重来自本书的预测结果。

二、预测结果

我们对照陈佳贵等人①的工业化进程判断指标体系（见表 3-4）发现，我国人均 GDP、三次产业产值比、制造业增加值占总商品生产部门增加值的比重等三个指标已经达到后工业化阶段的阈值。我们从人均 GDP 来看，我国 2023 年人均 GDP 为 89358 元，约为 13257.86 美元，高于后工业化阶段的 11170 美

① 陈佳贵，黄群慧，钟宏武．中国地区工业化进程的综合评价和特征分析[J]．经济研究，2006，41（6）：4-15.

元；从三次产业占 GDP 的比例来看，2023 年第一产业占比为 7.12%，小于 10%，第二产业占比为 38.28%，第三产业为 54.60%，第二产业占比低于第三产业占比，已经满足后工业化阶段的条件；从制造业增加值占总商品生产部门增加值的比重来看，2013—2021 年制造业增加值占总商品生产部门增加值（近似于第一产业和第二产业增加值之和）的比例逐渐增加，由 57.7%增加到 59.20%，已经满足后工业化阶段的条件。未达到后工业化阶段的城镇人口占总人口的比重和第一产业就业占总就业的比重由本书测算。① 由于第一产业就业占总就业的比重属于成分数据，本书采用与能源结构相同的方法可得，第一产业就业占总就业的比重在非对称变换和对称变换方法下可得 2029 年为 9.7%，低于 10%，满足后工业化阶段的条件，在球面变换方法下 2035 年之前一直处于工业化后期，结果差异显著。基于以上工业化进程判断指标体系，本书对我国 2035 年之前的工业化进程进行判断。

（一）工业化进程判断指标的标准化

我们根据式（3.14）和表 3-5 对表 3-4 工业化进程判断指标进行阶段阈值计算如表 4-6 所示。我们可以发现，五项指标中已有人均 GDP、三次产业产值比、制造业增加值占总商品

① 虽然三种预测结果存在差异，但是本文将其分别进行工业化进程判断发现三种预测结果对工业化进程判断影响较小，故城镇化率取本文三种预测结果的平均值。

生产部门增加值的比重等三项指标在2023年就已经完成工业化进程，其余两项指标的工业化进程发展有显著差异，指标城镇人口占总人口的比重在2024年进入工业化后期阶段，但属于刚进入阶段，随着城镇化率的发展，逐渐完成了工业化进程，在2031年后进入工业化阶段。第一产业就业占总就业的比重的工业化进程在两种方法下差异显著，在对称变换和非对称变换方法下，是一种发展速度较快的模式，在2024年年初进入工业化后期，然后快速完成工业化，在2030年进入后工业化阶段；而在球面变换方法下，是一种发展较慢的模式，虽也在2024年同前者属于一样的发展阶段，水平值相差微小，但是在2035年还没发展到前者2028年的水平，仍属于工业化后期阶段。

表4-6　2035年之前判断我国工业化进程的指标标准化结果

年份	人均GDP	三次产业产值比	制造业增加值占总商品生产部门增加值的比重	城镇人口占总人口的比重	第一产业就业占总就业的比重	
					对称变换和非对称变换	球面变换
2024	100	100	100	81	84	80
2025	100	100	100	84	87	81
2026	100	100	100	86	89	82
2027	100	100	100	89	92	83
2028	100	100	100	92	95	85
2029	100	100	100	95	98	86

续表

年份	人均GDP	三次产业产值比	制造业增加值占总商品生产部门增加值的比重	城镇人口占总人口的比重	第一产业就业占总就业的比重	
					对称变换和非对称变换	球面变换
2030	100	100	100	97	100	87
2031	100	100	100	100	100	88
2032	100	100	100	100	100	89
2033	100	100	100	100	100	90
2034	100	100	100	100	100	92
2035	100	100	100	100	100	93

（二）工业化进程判断

根据表4-6和式（3.15）可得我国2035年之前工业化进程预测如表4-7所示，我们发现，我国工业化进程有两种发展趋势，一是完成工业化，我国于2024年就已进入工业化后期，且具有较高的工业化水平，经过快速发展，可于2031年完成工业化进程，进入后工业化阶段。这与中国社会科学院工业经济研究所《2017年工业化蓝皮书》中2030年前后全面实现工业化的结果具有可比性。[①] 二是基本完成工业化，我国于2024年也已进入工业化后期，工业化水平与前者相差甚微，但随后的发展速度慢于前者，直至2031年开始达到进入工业化后期的

① 《2017工业化蓝皮书》：中国2030年前后将全面实现工业化［EB/OL］. 人民网，2017-06-20.

末尾阶段，在2035年达到微高于前者2029年的工业化水平。

表4-7 我国2035年之前工业化进程预测结果

年份	完成工业化	基本完成工业化
2024	96.4	96.1
2025	97.0	96.6
2026	97.4	96.9
2027	98.0	97.3
2028	98.6	97.8
2029	99.2	98.3
2030	99.6	98.6
2031	100.0	99.0
2032	100.0	99.1
2033	100.0	99.2
2034	100.0	99.4
2035	100.0	99.4

第三节 能源结构发展趋势

一、数据来源与处理

新陈代谢GM（1，1）模型要求原数据至少5维，但不是越多越好。我国作为煤炭资源丰富的国家，煤炭消费多年占到70%以上，从2012开始煤炭占比持续下降，能源结构调整力度加强，故本书拟用2012年之后的能源消费结构进行预测，数据来自国家统计局。另外，能源消费结构中非化石能源和天然气占能源消费量的比例的中长期目标已由《能源生产和消费革命战略（2016—2030）》[①]确定，因此，本书拟在《能源生产和消费革命战略（2016—2030）》基础上进行2035年之前我国能源消费结构预测。

二、预测结果

我们根据式（3.16）至式（3.20）可得我国2035年之前的能源消费结构[②]如表4-8所示。经计算，平均Aitchison距离为0.0078，表明预测精确度很高。从预测结果可知，2035年之前我国能源消费结构将继续保持低能耗、低污染的优化趋势，煤炭消费量在能源消费量的占比继续下降，由51.9%下降到40.5%，年均下降0.95个百分点，但仍然是主导消费能源。石油占比呈现先上升后下降的变化趋势，由19.4%增加到2030年的19.6%，再下降到19.3%。天然气和非化石能源占比均为

① 国家发展改革委和国家能源局．两部门印发《能源生产和消费革命战略（2016—2030）》[EB/OL]．中国政府网，2017-04-25.

② 由于2030年天然气和非化石能源占比已经有目标值，其他值均可通过插值法得到，而能源消费结构中仅剩未知的煤炭消费占比和石油消费占比无法由成分结构数据的球面变换法进行预测，故本文结果为对数比变换预测结果。

线性增加，前者由 11.40%上升到 18.00%，年均增长 0.55 个百分点，后者由 17.3%增加到 22.3%，年均增长 0.42 个百分点，成为除煤炭外消费最多的能源。与现有研究对比（图 4-2，表 4-9），本书预测的煤炭和非化石能源消费占能源消费总量的比例均在现有文献范围之内，具有可对比性。本书预测的 2035 年煤炭占能源消费总量的 40.5%与《BP 世界能源展望（2019 年）》以及 2030 年的 45.4%与中国煤炭网①的结果均有可对比性。

表 4-8 我国 2035 年之前能源消费结构预估结果

年份	煤炭占比	石油占比	天然气占比	非化石能源占比
2024	51.9%	19.4%	11.40%	17.3%
2025	50.8%	19.5%	12.00%	17.7%
2026	49.7%	19.5%	12.60%	18.2%
2027	48.6%	19.6%	13.20%	18.6%
2028	47.5%	19.6%	13.80%	19.1%
2029	46.5%	19.6%	14.40%	19.5%
2030	45.4%	19.6%	15.00%	20.0%
2031	44.4%	19.5%	15.60%	20.5%
2032	43.4%	19.5%	16.20%	20.9%
2033	42.4%	19.4%	16.80%	21.4%

① 中国煤炭网. 煤炭行业发展趋势：煤炭需求中长期是零增长 [EB/OL]. 中国煤炭网，2018-01-10.

续表

年份	煤炭占比	石油占比	天然气占比	非化石能源占比
2034	41.4%	19.3%	17.40%	21.8%
2035	40.5%	19.3%	18.00%	22.3%

注：天然气和非化石能源占比的2030年目标已经确定，其他值由插值法得到；煤炭和石油占比由本书预测而得。

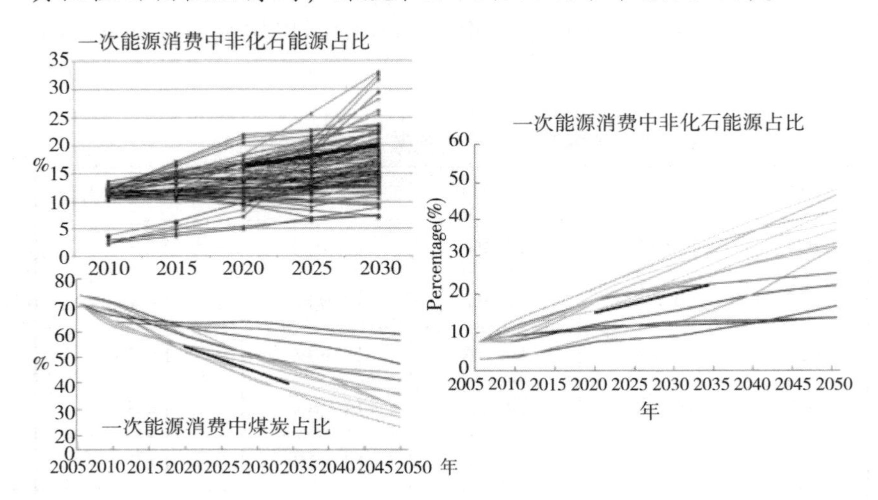

图4-2 本书能源消费结构预测结果与现有研究结果的对比

注：本书预测结果在图中以黑色线条表示；现有研究结果来自以下文献：Li和Qi①、Grubb等（2015）②。

① LI H, QI Y. Comparison of China's Carbon Emission Scenarios in 2050 [J]. Advances in Climate Change Research, 2011, 2 (4): 193-202.

② GRUBB M, SHA F, SPENCER T, et al. A review of Chinese CO_2 emission projections to 2030: the role of economic structure and policy [J]. Climate policy, 2015, 15: S7-S39.

表 4-9 现有碳排放趋势研究中煤炭占比预测结果

预测年份	作者	煤炭占比	发表年份
2030	林伯强和李江龙①	47%左右	2015
2030	郝宇等②	47%	2020
2030	中国能源研究会③	49%	2016
2030	中国煤炭网④⑤、郭富强等⑥	45%	2018
2030	中国工程院、中国煤炭学会⑦	50%	2013
2040	BP⑧	35%	2019

第四节 我国不同阶段的关键社会经济因素发展趋势

上文对我国关键社会经济因素进行了各自分析与讨论，而

① 林伯强，李江龙．环境治理约束下的中国能源结构转变：基于煤炭和二氧化碳峰值的分析［J］．中国社会科学，2015（9）：84-107，205.

② 郝宇，巴宁，盖志强，等．经济承压背景下中国能源经济预测与展望［J］．北京理工大学学报（社会科学版），2020，22（2）：1-9.

③《中国能源展望2030》报告发布［J］．资源节约与环保，2016（4）：6.

④ 中国煤炭网．煤炭行业发展趋势：煤炭需求中长期是零增长［EB/OL］．中国煤炭网，2018-04-10.

⑤ 郭富强，丁建伟，刘昆仑，俞乔．煤炭清洁高效利用发展现状及趋势展望［J］．煤炭加工与综合利用，2019（12）：55-60.

⑥ 郭富强，丁建伟，刘昆仑，俞乔．煤炭清洁高效利用发展现状及趋势展望［J］．煤炭加工与综合利用，2019（12）：55-60.

⑦ 中国工程院，中国煤炭学会．中国煤炭中长期2030、2050年发展战略研究［EB/OL］．原创力文档，2018-03-15.

⑧ BRITISH PETROLEUM（BP）．BP Energy Outlook［EB/OL］．BP，2019-02.

不同因素的综合分析能全面、系统地阐述一个国家，尤其我国是一个新兴经济体国家，是正处于快速城镇化与工业化的发展中大国，分阶段全面分析我国关键社会经济发展因素发展趋势可以为研究我国二氧化碳排放趋势奠定基础。

一、2025 年

截至 2025 年，我国社会经济发展水平不断提高，能源结构持续低碳化，相应碳排放微量增加。在 2025 年，我国 GDP 总量达到 10.74 万亿美元（以 2005 年不变价计算），年均增速为 6.10%，并且已经处于工业化后期，同时进出口总额在全球的比例达到 11.68%，高于同期美国的 10.31%，远低于欧盟的 29.92%，城镇化率也增加到了 68.04%，微高于目前中高等收入国家城镇化率水平，但显著低于目前 OECD 国家城镇化率水平。另外，我国能源结构持续低碳化，煤炭在能源消费总量的占比在 2025 年达到 50.80%。

二、2030 年

2026—2030 年，我国社会经济发展水平持续提高，但增速放缓。在 2030 年，我国 GDP 总量达到 14.21 万亿美元（以 2005 年不变价计算），该期平均增速为 5.75%，明显低于 2025 年之前，但总量仍然低于美国的 18.77 万亿美元。同期，我国进出口总额在全球的比例变化微小，下降了 0.65%，于 2030

年达到11.03%，高于美国的10.19%，远低于欧盟的29.62%。在2030年，我国虽然仍然处于工业化后期，但是即将进入后工业化时期，同年，我国城镇化率达到74.21%，微低于欧盟，但显著低于目前OECD国家城镇化率水平。从能源结构来看，我国能源结构转型进程不断加速，煤炭2030年在能源消费总量的占比降至45.4%。

三、2035年

2031—2035年，我国社会经济发展水平继续提高，并于2031年进入后工业化时期。在2035年，我国GDP总量达到18.36万亿美元（以2005年不变价计算），微低于美国的20.48万亿美元，该期平均增速为5.26%。同时，我国已于2031年完成工业化，即进入后工业化进程，城镇化率也于2035年达到80.43%，高于同年欧盟，微低于高收入国家水平。我国进出口总额在全球的比例变化幅度很小，2035年为9.96%，低于美国的10.20%、欧盟的29.72%。煤炭在我国能源消费总量的比例不断下降，2035年降至40.5%，仍然是第一大能源消费种类。

第五节　我国关键社会经济因素发展与主要碳排放国家的对比

本书在对我国2035年之前关键社会经济因素发展趋势研究的基础上，从经济总量GDP、人口、进出口总额、城镇化率等方面分析了主要排放国家的社会经济发展趋势，并将其与我国相应的发展趋势进行了对比，并对全球发展格局进行了大致的阐释。

一、主要排放国家的社会经济发展趋势

（一）美国

美国作为世界第一大经济体，并且已经完成工业化进程，其主要社会经济发展水平在2035年之前依然呈现增长趋势，但是增长幅度不显著，年增长率变化也不大。从GDP（见图4-3）来看，美国2035年经济总量增加到了20.48万亿美元（以2005年不变价计算，下同），GDP年增长率变化不大，基本在1.8%上下波动；从进出口贸易（见图4-4）来看，美国2035年进出口贸易占全球的比例下降到10.20%，仅下降了不到0.2个百分点；从城镇化率（见图4-5）来看，美国2035年城镇化率增长到86.0%，年增长幅度约为0.21个百分点；从人口（见图4-6）来看，美国2035年人口为3.59亿人，且

年均增长率很小，仅有0.49%。

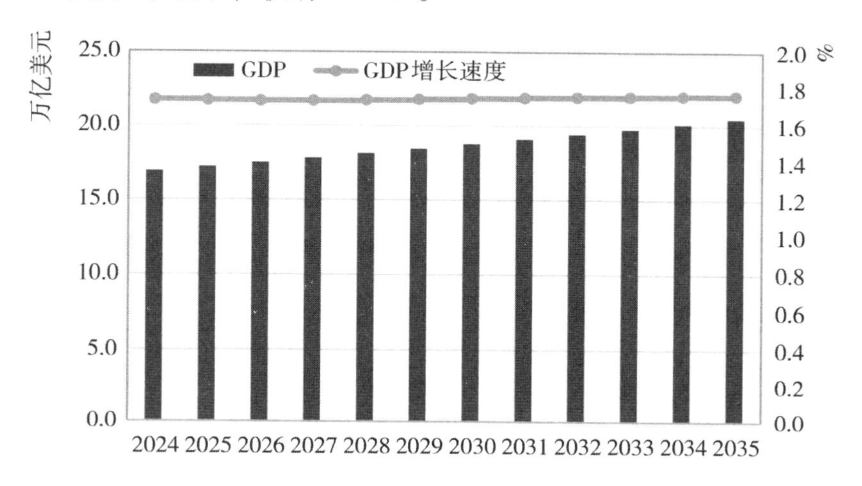

图4-3 2035年之前美国GDP发展趋势

数据来源：CEPII数据库。

注：图中GDP以2005年不变价美元表示。

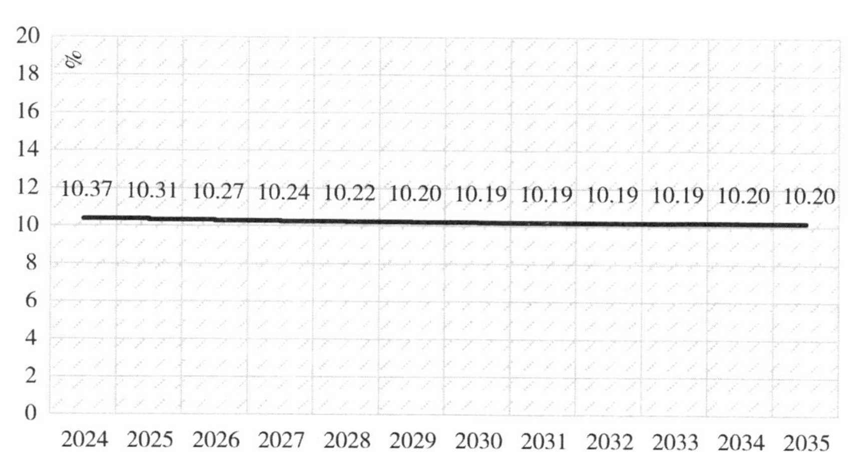

图4-4 2035年之前美国进出口总额占比发展趋势

数据来源：本书计算结果。

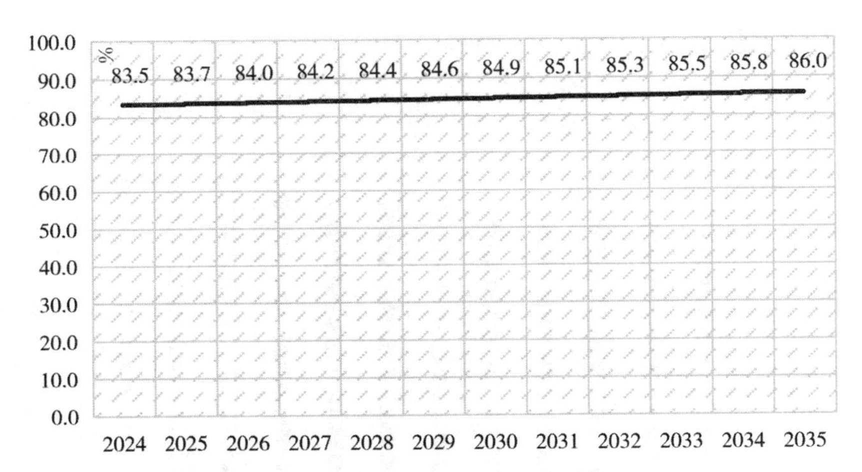

图 4-5　2021—2035 年之前美国城镇化率发展趋势

数据来源：United Nations，Department of Economic and Social Affairs，Population Division（2018）. World Urbanization Prospects：The 2018 Revision，Online Edition.

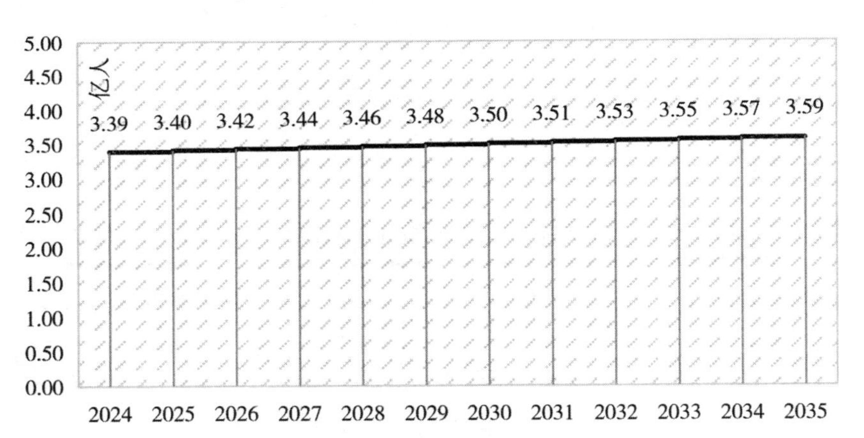

图 4-6　2035 年之前美国人口发展趋势

数据来源：United Nations，Department of Economic and Social Affairs，Population Division（2018）. World Urbanization Prospects：The 2018 Revision，Online Edition.

（二）欧盟

欧盟是世界上经济最发达的地区之一，也是世界货物贸易和服务贸易最大的进出口方，其主要社会经济发展水平在2035年之前表现为较低变化率且有变化不显著的变化趋势。从GDP（见图4-7）来看，欧盟2035年经济总量增加到了17.04万亿美元（以2005年不变价计算，下同），年均增长率约为1.5%，表现出轻微的下降趋势；从进出口贸易（见图4-8）来看，欧盟2035年进出口贸易占全球的比例轻微下降到29.72%，变化微小；从城镇化率（见图4-9）来看，欧盟2035年城镇化率增长到78.5%，整体增长幅度约为3个百分点，但作为经济发达地区，城镇化率显著低于目前OECD国家城镇化率水平；从人口（见图4-10）来看，欧盟2035年人口为4.34亿人，而且在该期间欧盟人口已然开始下降，但年均下降率很小。因此，2035年之前欧盟的关键社会经济变量呈现增长与减少共存的格局，其中GDP、城镇化率等方面表现为增长趋势，人口、进出口贸易占比等方面呈现下降趋势，但这些变量变化幅度均不大。

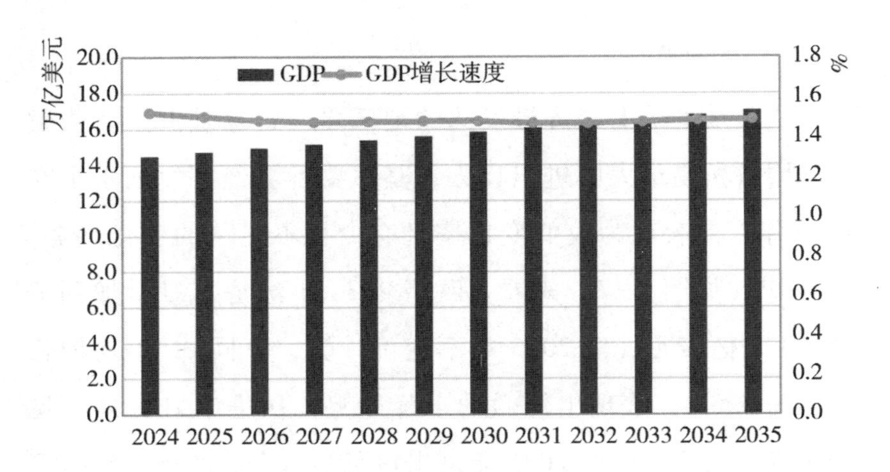

图 4-7　2035 年之前欧盟 GDP 发展趋势

数据来源：CEPII 数据库。

注：图中 GDP 以 2005 年不变价美元表示。

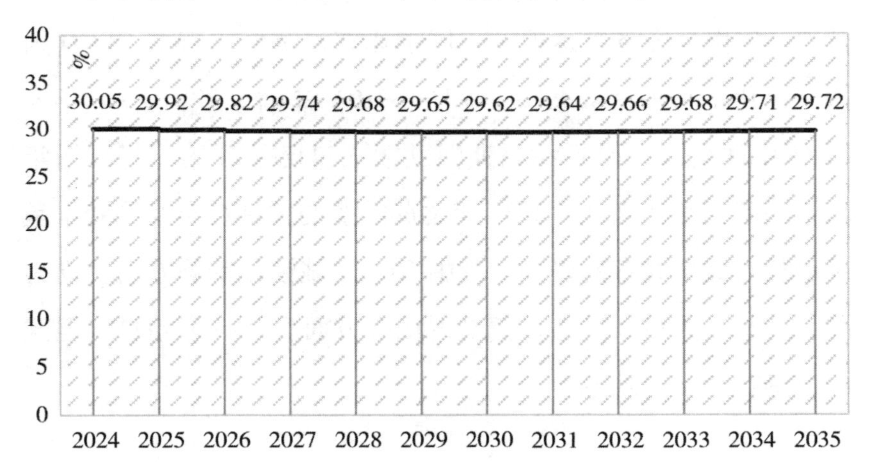

图 4-8　2035 年之前欧盟进出口总额占比发展趋势

数据来源：本书计算结果。

注：由于英国进出口总额占欧盟整体比例不大，本书国家分组与合并以东欧和西欧作为研究对象，无法将英国剔除，故图 4-8 中欧盟是包含英国的 28 国。

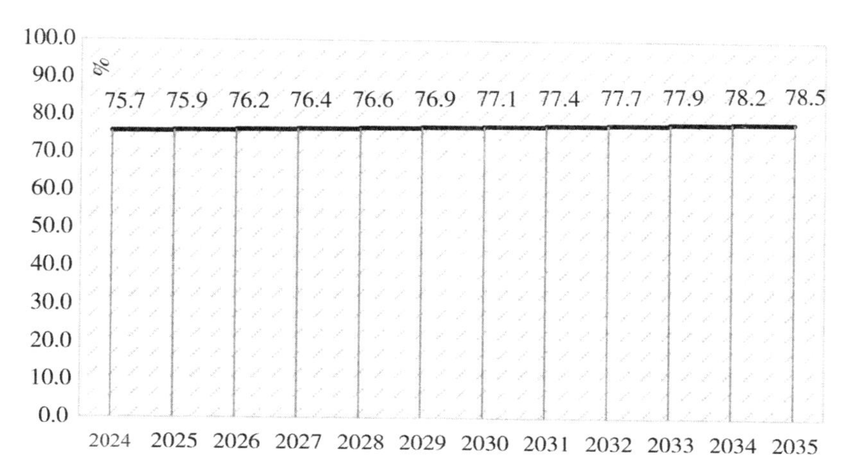

图 4-9 2035 年之前欧盟城镇化率发展趋势

数据来源：United Nations, Department of Economic and Social Affairs, Population Division (2018). World Urbanization Prospects: The 2018 Revision, Online Edition.

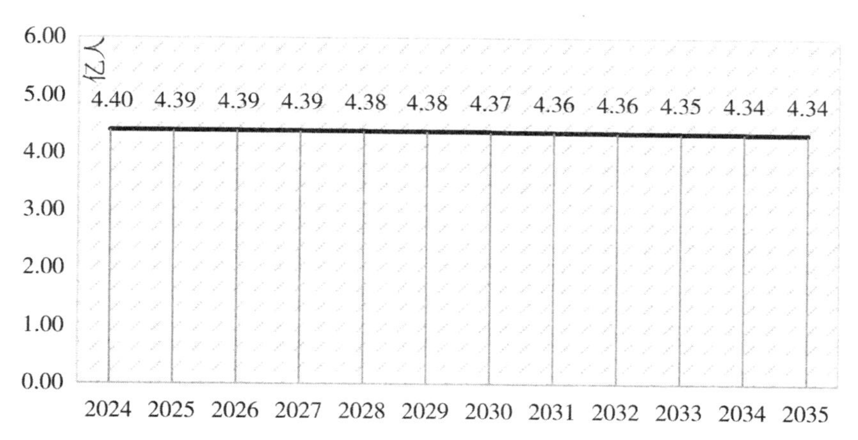

图 4-10 2035 年之前欧盟人口发展趋势

数据来源：United Nations, Department of Economic and Social Affairs, Population Division (2018). World Urbanization Prospects: The 2018 Revision, Online Edition.

（三）俄罗斯

俄罗斯主要社会经济发展水平在2035年之前表现为长期增长趋势，但增长幅度比较稳定，变化不显著。从GDP（见图4-11）来看，俄罗斯2035年经济总量增加到了2.33万亿美元（以2005年不变价计算，下同），年均增长率约为3.5%且呈现略微下降的变化趋势；从进出口贸易（见图4-12）来看，俄罗斯2035年进出口贸易占全球的比例增加到2.64%，总体变化不显著；从城镇化率（见图4-13）来看，俄罗斯2035年城镇化率增长到78.6%，显著高于目前中高等收入国家城镇化率水平，总体增长幅度约为3个百分点；从人口（见图4-14）来看，由于俄罗斯人口已然达峰二十多年，2035年之前，俄罗斯人口仍然呈现下降趋势，2035年下降到了1.41亿人，但年均下降率很小，总体变化不大。我们可以发现：俄罗斯的关键社会经济变量在2035年之前主要呈现增长趋势，如GDP、城镇化率等，但以上变量增长幅度较小且趋于稳定。

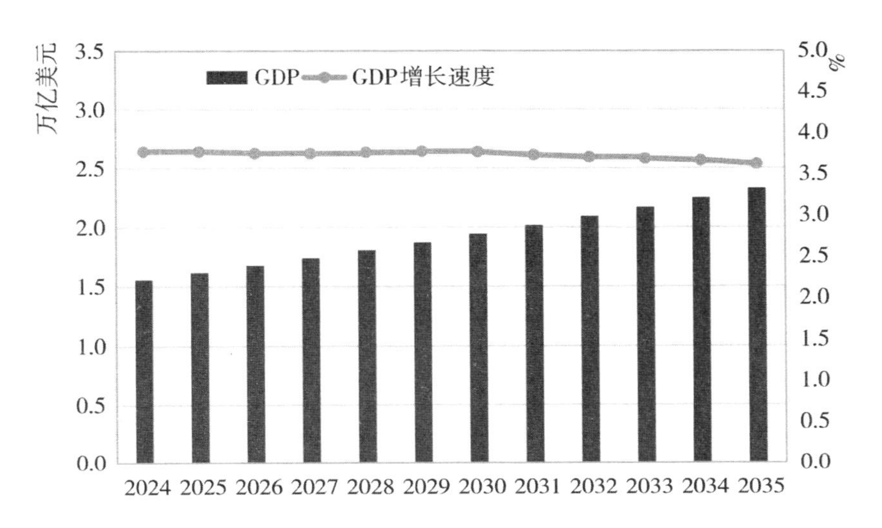

图 4-11　2035 年之前俄罗斯 GDP 发展趋势

数据来源：CEPII 数据库。

注：图中 GDP 以 2005 年不变价美元表示。

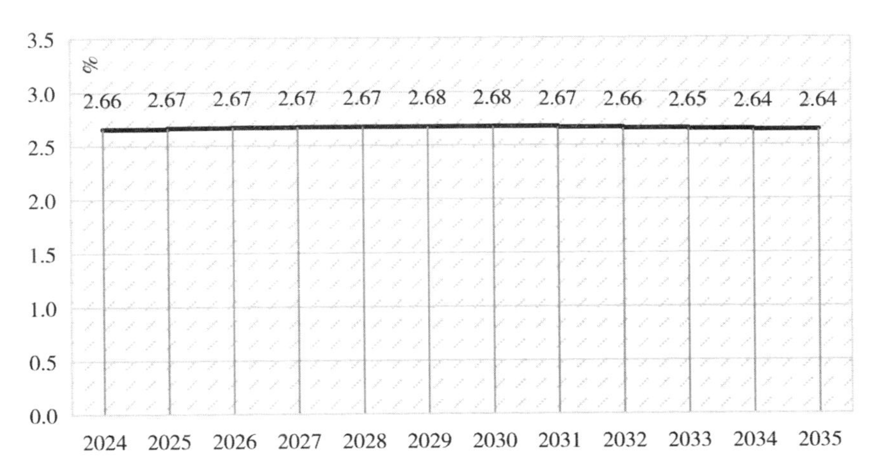

图 4-12　2035 年之前俄罗斯进出口总额占比发展趋势

数据来源：本书计算结果。

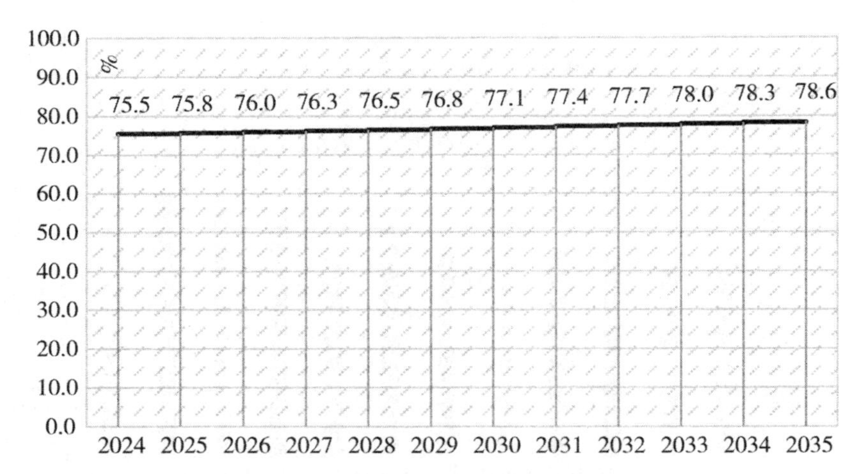

图 4-13　2035 年之前俄罗斯城镇化率发展趋势

数据来源：United Nations，Department of Economic and Social Affairs，Population Division（2018）. World Urbanization Prospects：The 2018 Revision，Online Edition.

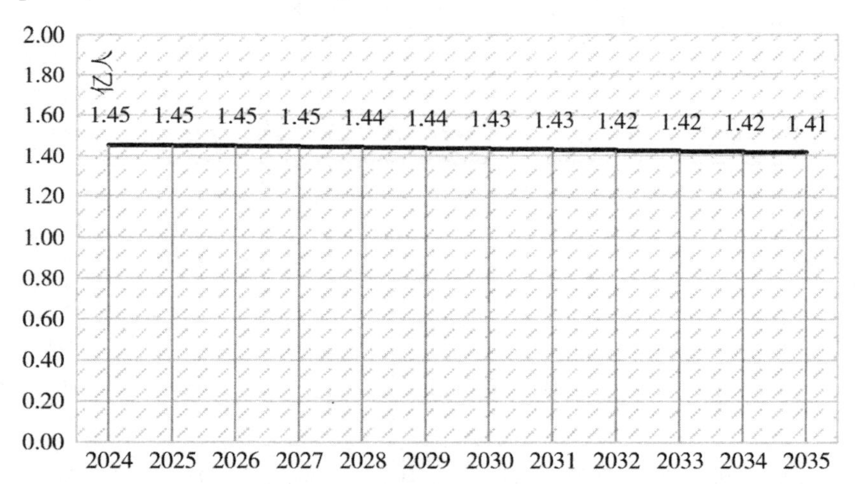

图 4-14　2035 年之前俄罗斯人口发展趋势

数据来源：United Nations，Department of Economic and Social Affairs，Population Division（2018）. World Urbanization Prospects：The 2018 Revision，Online Edition.

（四）印度

印度作为目前世界上人口快速增长的国家，经济增长速度也引人瞩目，其主要社会经济发展水平在2035年之前表现为显著的长期增长趋势，处于快速增长期。从GDP（见图4-15）来看，印度2035年经济总量增加到4.55万亿美元（以2005年不变价计算，下同），总量将近翻了一番，年均增速约为5%，属于增速较快的国家之一；从进出口贸易（见图4-16）来看，印度2035年进出口贸易占全球的比例增加到3.41%，总体增长了不到1个百分点，增长幅度却约为0.2；从城镇化率（见图4-17）来看，印度2035年城镇化率增长到43.2%，微高于目前低等收入国家城镇化率水平，不过总体增长幅度显著，达到了6个百分点，年均增幅约为0.5%；从人口（见图4-18）来看，2035年印度人口呈现快速增加趋势，增加到了15.54亿人，增加了1亿多人口，这意味着印度人口在未来十五年仍然未达峰，处于增长期。因此，我们发现印度作为新兴经济体国家，在接下来的十五年仍然处于快速发展期。

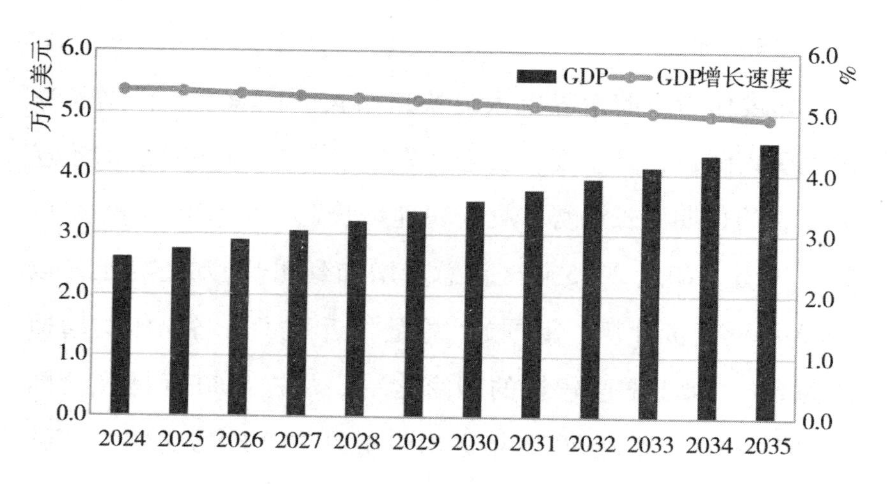

图 4-15 2035 年之前印度 GDP 发展趋势

数据来源：CEPII 数据库。

注：图中 GDP 以 2005 年不变价美元表示。

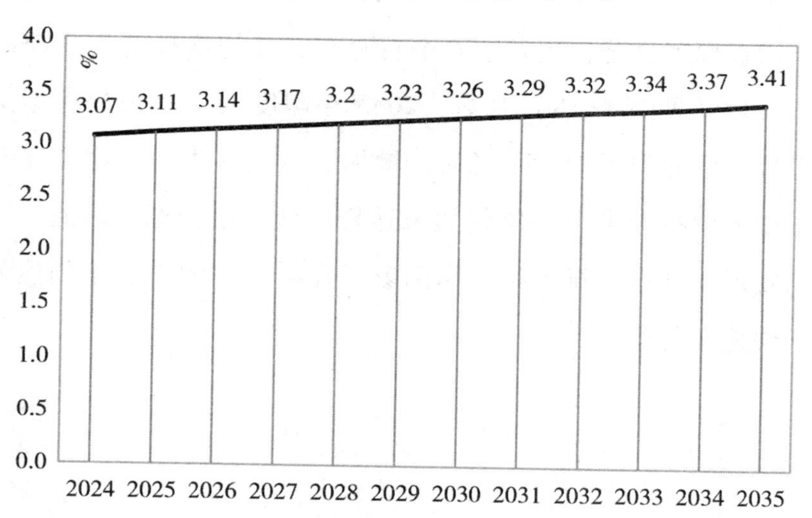

图 4-16 2035 年之前印度进出口总额占比发展趋势

数据来源：本文计算结果。

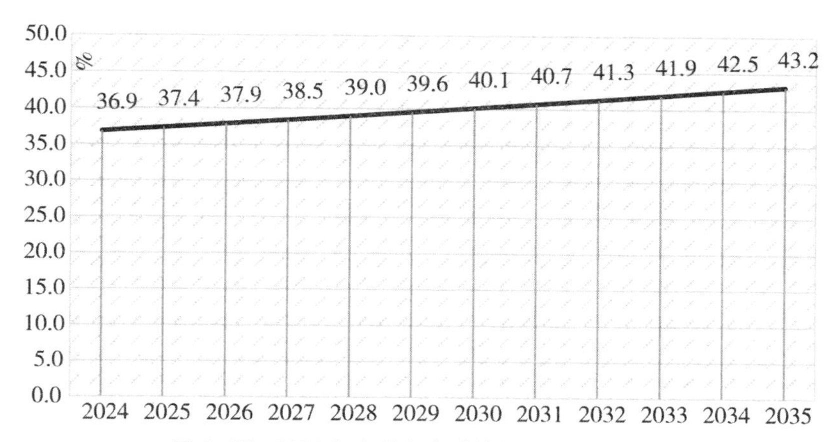

图 4-17 2035 年之前印度城镇化率发展趋势

数据来源：United Nations，Department of Economic and Social Affairs，Population Division（2018）. World Urbanization Prospects：The 2018 Revision，Online Edition.

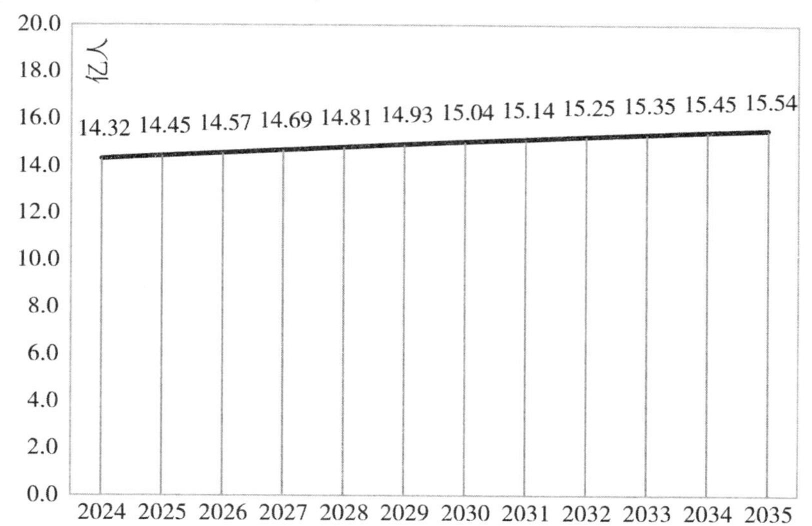

图 4-18 2035 年之前印度人口发展趋势

数据来源：United Nations，Department of Economic and Social Affairs，Population Division（2018）. World Unrbaini - zation Prospects：The 2018 Revision，Online Edition.

（五）巴西

巴西是拉丁美洲面积最大、人口最多、经济实力也较强的国家，其主要社会经济发展水平在2035年之前呈现不断增长的发展趋势，增长率不是很显著，但是比较稳定。从GDP（见图4-19）来看，巴西2035年经济总量增加到2.03万亿美元（以2005年不变价计算，下同），年均增速约为2.5%，增速呈现轻微下降的变化趋势；从进出口贸易（见图4-20）来看，巴西进出口贸易总额在全球的比例较小，平均约为1.39%，巴西2035年占比增加到1.42%，增长幅度较小，变化不显著；从城镇化率（见图4-21）来看，巴西城镇化率较高，巴西2035年城镇化率增长到90.2%，显著高于目前OECD国家和高收入国家的城镇化率水平整体增加了约3个百分点；从人口（见图4-22）来看，2035年之前巴西人口呈现缓慢增加趋势，2035年增加到了2.27亿人，约增加了0.1亿人口。因此，在2035年之前，巴西影响碳排放的关键社会经济发展变量表现为稳定不显著的增长趋势。

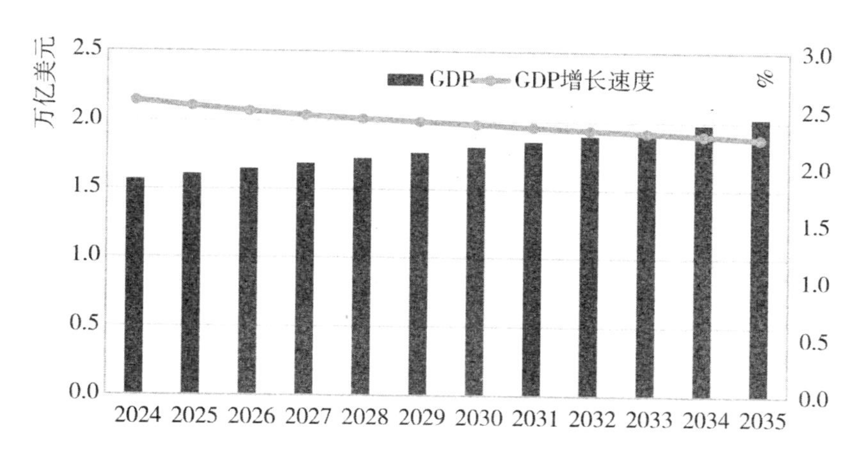

图 4-19 2035 年之前巴西 GDP 发展趋势

数据来源：CEPⅡ数据库。

注：图中 GDP 以 2005 年不变价美元表示。

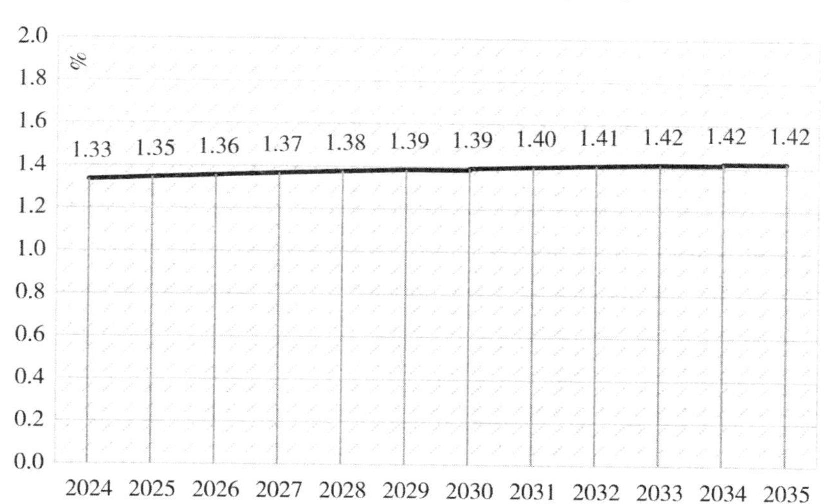

图 4-20 2035 年之前巴西进出口总额占比发展趋势

数据来源：本书计算结果。

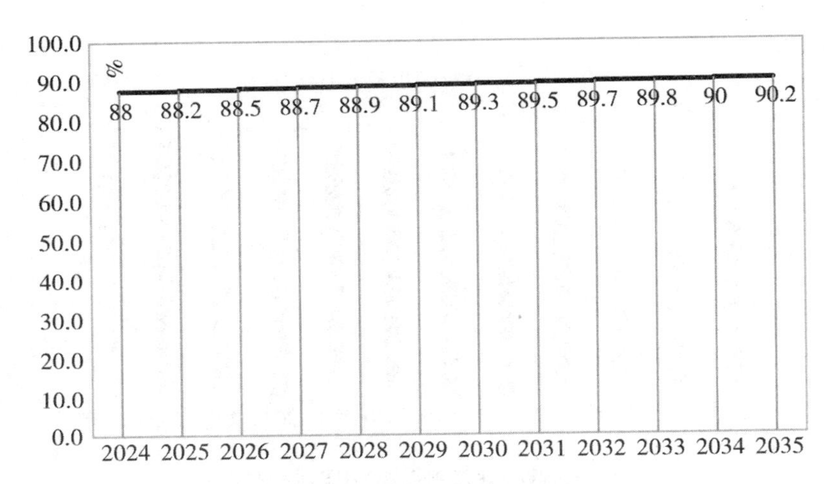

图 4-21　2035 年之前巴西城镇化率发展趋势

数据来源：United Nations，Department of Economic and Social Affairs，Population Division（2018）．World Urbanization Prospects：The 2018 Revision，Online Edition.

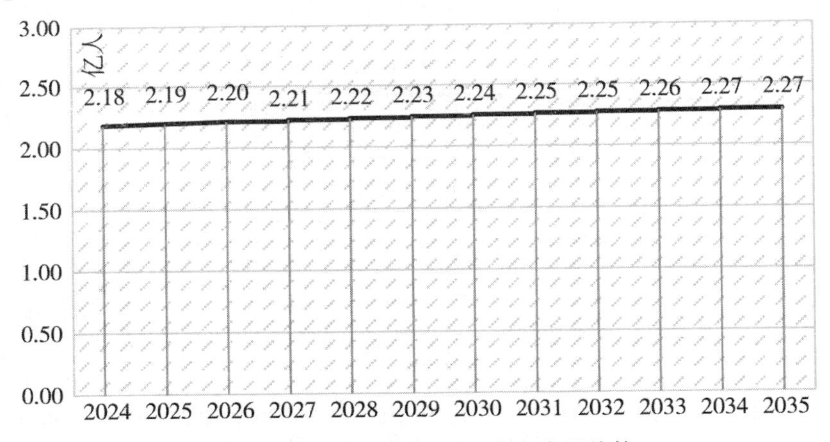

图 4-22　2035 年之前巴西人口发展趋势

数据来源：United Nations，Department of Economic and Social Affairs，Population Division（2018）．World Urbanization Prospects：The 2018 Revision，Online Edition.

二、我国与主要排放国家的经济社会发展趋势比较

（一）GDP

2035 年之前，在世界经济发展格局[①]中，美国长期居于首位，2035 年为 20.48 万亿美元（以 2005 年不变价美元表示，下同），中国 2035 年为 18.36 万亿美元，印度、俄罗斯和巴西占比很小且变化不显著，2035 年分别为 4.55 万亿美元、2.33 万亿美元、2.03 万亿美元。从经济总量来看，美国是第一经济体，2035 年美国的 GDP 远高于印度、俄罗斯和巴西，分别是这三个国家的 4.5 倍、8.8 倍、10.1 倍；从经济发展趋势来看，美国一直是第一经济体，年均增长率稳定且不显著，为 1.8%，同时欧盟作为成熟经济体，年均增长率也比较小，为 1.5%，而中国、印度作为新兴经济体年均增长率均比较高，前者约为 5.67%，后者年均增长率为 5%，最后是俄罗斯和巴西，其经济总量占比不仅小而且变化低于新兴经济体，年均增长率分别为 3.5%、2.5%。

（二）进出口总额

2035 年之前，全球进出口总额格局[②]几乎没有变化，欧盟

① 数据来源：CEPII 数据库。

② 数据来源：本书计算结果。由于英国进出口总额占欧盟整体比例不大，本书国家分组与合并以东欧和西欧作为研究对象，无法将英国剔除，故欧盟数据是包含英国的 28 国数据。

一直处于首位，平均占比为29.74%，美国、中国平均占比分别为10.23%、11.12%，印度、俄罗斯和巴西占比较小，平均占比分别为3.24%、2.66%、1.39%。从进出口总额在全球占比来看，欧盟长期位于第一，2035年为29.72%，远高于美国的10.20%、中国的9.96%，甚至是印度、俄罗斯和巴西的10~20倍；从进出口总额在全球占比的变化趋势来看，各国变化较小，欧盟由30.05%下降到29.72%，下降了不到1个百分点，而中国占比与美国相差不大，变化幅度也很小，2035年为9.96%，美国由10.37%下降到10.20%，也下降了0.17个百分点，同期印度和巴西呈现增长趋势，分别由3.07%、1.33%增加到3.41%、1.42%，增加了0.34个百分点和0.09个百分点，俄罗斯由2.66%增加至最大值2.68%再下降到2.64%，变化幅度较小。

（三）人口

2035年之前，世界人口格局发生了重大变化，印度作为世界第一大人口国家，2035年达到15.54亿人，而成为第二人口大国的中国一直下降，美国、欧盟、巴西、俄罗斯等人口变化不显著，2035年分别为3.59亿、4.34亿、2.27亿、1.41亿。从人口总量来看，印度在2035年已然成为人口第一大国，达到15.54亿人，微高于当期中国人口，约是美国人口的4.3倍、欧盟人口的3.6倍，巴西和俄罗斯的6.8倍、11倍。从人口变化趋势来看，印度跃升为世界人口第一大国家，并且仍然处于上升期，2035 年达到了 15.54 亿，年均增长率为 0.71%。

（四）城镇化率

2035 年之前，全球主要缔约方的城镇化率①均呈现增长趋势，巴西一直居于首位，2035 年为 90.2%，然后是美国，2035 年为 86.0%，其次是中国，2035 年为 80.43%，于 2033 年左右超过欧盟和俄罗斯，而欧盟和俄罗斯近似，2035 年分别为 78.5%和 78.6%，最后是印度，仅为 43.2%。从城镇化率绝对量来看，巴西一直位于第一，平均为 89.16%，从城镇化率变化趋势来看，全球主要缔约方的城镇化率均呈现增长趋势，巴西由 88.0%增加为 90.2%，仅增加了 2.2 个百分点，同期美国由 83.5%增加至 86.0%，也仅增加了 2.5 个百分点，而作为新兴经济体的中国和印度，城镇化率呈现为显著增加趋势，前者增加至 80.43%，并且于 2033 年左右超过欧盟和俄罗斯，后者由 36.9%增加至 43.2%，上升了 6.3 个百分点，而欧盟和俄罗斯城镇化率变化趋势类似，增加幅度较小，近似由 76%增加至 79%，增加了 3 个百分点左右。

① 数据来源：（1）美国、欧盟、俄罗斯、巴西、印度等数据来自下列文献：United Nations，Department of Economic and Social Affairs，Population Division（2018）. World Urbanization Prospects：The 2018 Revision，Online Edition.（2）中国的数据来自本书计算结果。

本章小结

本章在上一章研究方法学的基础上，采用最新的数据对2035年之前驱动二氧化碳排放变化的社会经济关键因素发展趋势进行了逐一预测，为下一章我国二氧化碳排放发展趋势的研究提供了重要数据。本章主要结论如下：

第一，我国2035年之前城镇化率显著提高，呈现线性增长趋势，在2027年恰好超过70%（70.50%），进入稳定发展阶段，2035年超过80%（80.43%），达到OECD国家平均城镇化率水平，其中2025年平均城镇化率为68.04%，2030年为74.22%，2035年为80.43%。对比预测城镇化率Logistic增长模型、新陈代谢GM（1，1）模型、经济因素相关关系类模型的结果绝对值发现，经济因素相关关系模型的预测结果最大，新陈代谢GM（1，1）模型次之，Logistic增长模型最小。从结果之间的相对差异来看，在2026年之前，结果相差甚小，最大值与最小值差额小于1%，但从2027年开始，结果之间的差额不断增大，从2027年最大值与最小值差额的1.23%线性增加到2035年的4.41%。

第二，我国2035年之前工业化进程呈现两种发展趋势，一种是完成工业化，我国于2024年就已进入工业化后期，且具有较高的工业化水平，经过快速发展，可于 2031 年完成工业化进程，进入后工业化阶段；另一种是基本完成工业化，我国于 2024 年也已进入工业化后期，工业化水平与第一种变化趋势相差甚微，但随后的发展速度慢于前者，直至 2031 年开始进入工业化后期的末尾阶段，且 2035 年达到微高于前者 2029 年的工业化水平，属于基本完成工业化水平。

第三，我国 2035 年之前能源消费结构将继续保持低能耗、低污染的优化趋势，煤炭消费量在能源消费量的占比继续下降，由 51.9%下降到 40.5%，年均下降 0.95 个百分点，但是仍然是主导消费能源；石油占比呈现先上升后下降的变化趋势，由 19.4%增加到 2030 年的 19.6%再下降到 19.3%；天然气和非化石能源占比均为线性增加，前者由 11.40%上升到 18.00%，年均增长 0.55 个百分点，后者由 17.3%增加到 22.3%，年均增长 0.42 个百分点，成为除煤炭外消费最多的能源。

第四，与全球主要排放国家的社会经济发展趋势相比，在 2035 年之前中国 GDP 显著增加且处于世界第二大经济体位置，2035 年约为 18.36 万亿美元（以 2005 年不变化美元表示），进出口额占全球比例显著低于欧盟但名列前茅，2035 年约为 9.96%，人口达峰继续呈现下降趋势。

第五章

二氧化碳排放未来变化趋势

本章主要采用动态全球一般均衡模型，以社会经济发展角度研究我国未来二氧化碳变化趋势与全球排放格局，以及全球主要排放大国分阶段的国家与人均累积二氧化碳排放，为我国低碳、绿色发展提供参考。

第一节　模型的国家和部门合并

一、GDyn-E 模型的国家合并

GDyn-E 模型数据库 9 包括 140 个国家或地区，本节主要研究我国未来二氧化碳排放趋势以及全球主要经济体的二氧化碳排放格局。根据《联合国气候变化框架公约》下国家集团的分类方法，我们对排放量排名靠前的国家如美国、俄罗斯、印

度等单独分析，这些国家也是《联合国气候变化框架公约》谈判中的主要缔约方，立场也比较独立。其余区域的划分主要是基于碳排放发展趋势的差异，如欧盟是以一个整体参与谈判，但是东欧和西欧的社会经济发展趋势存在显著差异，这样造成的碳排放发展趋势也不同，在合并的基础上分为东欧和西欧，它们的碳排放是欧盟+英国的碳排放。因此，本节将 140 个国家或地区汇总为中国、美国、巴西、加拿大、日本、印度、俄罗斯、韩国、东亚其他国家、东欧欧盟国家、西欧欧盟国家、撒哈拉以南非洲、大洋洲、中美洲和加勒比国家、美洲其他国家、马来西亚和印度尼西亚、中东和北非、欧洲其他国家、东南亚其他国家、南亚其他国家、东欧其他国家和苏联其他国家、世界其他国家等。22 个国家或地区，具体分类如表 5-1 所示。

表 5-1 国家或地区分类与汇总

国家分组	所包含国家或地区
中国	中国大陆
美国	美国
巴西	巴西
加拿大	加拿大
日本	日本
印度	印度

续表

国家分组	所包含国家或地区
俄罗斯	俄罗斯
韩国	韩国
东欧	塞浦路斯、捷克、爱沙尼亚、匈牙利、拉脱维亚、立陶宛、波兰、斯洛伐克、斯洛文尼亚、保加利亚、克罗地亚、罗马尼亚
西欧	奥地利、比利时、丹麦、芬兰、法国、德国、爱尔兰、意大利、卢森堡、荷兰、葡萄牙、西班牙、瑞典、英国
中美洲和加勒比国家	墨西哥、哥斯达黎加、危地马拉、洪都拉斯、尼加拉瓜、巴拿马、萨尔瓦多、多米尼加、牙买加、波多黎各、特立尼达和多巴哥、加勒比海国家、北美其他国家、中美洲其他国家
南美洲和美洲其他国家	阿根廷、玻利维亚、智利、哥伦比亚、厄瓜多尔、巴拉圭、秘鲁、乌拉圭、委内瑞拉、南美洲其他国家
撒哈拉以南非洲	贝宁、布基纳法索、喀麦隆、科特迪瓦、加纳、几内亚、尼日利亚、塞内加尔、多哥、西非其他国家、中非、中南非洲、埃塞俄比亚、肯尼亚、马达加斯加、马拉维、毛里求斯、莫桑比克、卢旺达、坦桑尼亚、乌干达、赞比亚、津巴布韦、东非其他国家、博茨瓦纳、纳米比亚、南非、南非其他国家
中东和北非	巴林、伊朗、以色列、约旦、科威特、阿曼、卡塔尔、沙特阿拉伯、阿联酋、西亚其他国家、埃及、摩洛哥、突尼斯、北非其他国家
东亚	中国香港、蒙古、中国台湾、东亚其他国家
大洋洲	澳大利亚、新西兰、大洋洲其他国家

续表

国家分组	所包含国家或地区
马来西亚和印度尼西亚	马来西亚、印度尼西亚
欧洲其他国家	瑞士、挪威、欧洲自由贸易联盟的其余国家
东南亚其他国家	文莱、柬埔寨、老挝、菲律宾、新加坡、泰国、越南、东南亚其他国家
南亚其他国家	孟加拉国、尼泊尔、巴基斯坦、斯里兰卡、南亚其他国家
东欧其他国家和苏联其他国家	阿尔巴尼亚、白俄罗斯、乌克兰、东欧其他国家、欧洲其他国家、哈萨克斯坦、吉尔吉斯斯坦、苏联其他地区、亚美尼亚、阿塞拜疆、格鲁吉亚、土耳其
世界其他国家或地区	以上未列出的国家或地区

数据来源：作者根据 GDyn-E 数据库 9 进行国家分类与合并。

二、GDyn-E 模型的部门合并

GDyn-E 模型数据库 9 包括 57 个部门，本节主要研究与二氧化碳排放相关的重点行业，故将 57 个部门汇总为农林牧渔、煤炭、原油、成品油、天然气、电力、能源密集型、其他工业和服务业等 8 个部门，具体分类如表 5-2 所示。

表 5-2 部门分类与汇总

部门	所包含部门
农林牧渔	稻米，小麦，其他谷物，蔬果、坚果，油籽，甘蔗甜菜，植物纤维，牛、羊、马，其他动物产品，牛奶，丝、毛，牛羊肉制品，林业，渔业，其他农产品
煤炭	煤炭
原油	原油
天然气	天然气，天然气生产、分销
电力	电力
能源密集型	煤油提炼产品，化学原料、橡胶、塑料，其他矿物制品，黑色金属，其他金属
成品油	成品油
其他工业和服务业	牛、羊、马等肉制品，其他肉制品，植物油，乳制品，加工稻米，糖，其他食品，饮料和烟草制品，纺织品，服装，皮革制品，木制品，纸制品、印刷，金属制品，机动车辆和零部件，其他运输设备，电子设备，其他机械设备，其他制造业，水的生产和供应，建筑业，贸易，其他运输，海运，空运，其他金融服务，保险，其他商业服务，文娱和其他服务，公共管理/国防/卫生/教育，房地产活动

数据来源：作者根据 GDyn-E 数据库 9 进行部门分类与合并。

除了以上国家或地区和部门的分组，生产要素也需要进行合并。GDyn-E 模型的数据库 9 包括 8 个生产要素分类，本节按照学界对生产要素的通用分组方法，将土地、技术人员、服务员、办公人员和管理者、农业等非熟练劳动力、资本、自然资源、职员等 8 类合并为熟练劳动、非熟练劳动、资本、土地、自然资源等 5 类。其中熟练劳动力包括技术人员、办公人员和管理者，非熟练劳动力包括职员、服务员、农业等非熟练劳动力，资本、土地、自然资源均仅包括本身。

第二节　模型的情景设置

有效性检验是模型模拟前的重要步骤，可以判断模型的参数、变量、方程等设置是否构成一般均衡。由于一般均衡模型的变量对价格是零阶齐次的，这意味着如果价格以同一比例增加或减少，模型仍然是均衡的。因此，我们将价格基准提高或减少相同比例是检验一般均衡模型有效性的广泛方法。该方法通过判断价格基准提高或减少的百分比与模型其他价格提高或减少的百分比是否一致检验模型是否有效，若一致则认为模型有效，否则认为模型无效。其中提高或减少百分比是可以任意选择的，而且丝毫不影响有效性检验结果。GDyn-E 模型一般默认将作为初始要素的世界价格指数作为价格基准，并将 10% 作为其提高的百分比。因此，本书采用 GDyn-E 模型通用方法对模型进行有效性检验。结果显示：当价格基准提高 10% 后，

GDyn-E 模型的所有价格均提高了 10%，这意味着 GDyn-E 模型具有有效性，即模型通过了有效性检验。

一、GDyn-E 模型的基准情景设置

鉴于 GDyn-E 模型数据库 9 的数据存在滞后性，本书主要研究 2035 年之前我国二氧化碳排放趋势，需要采用 Walmsley 等人①的动态递归法通过模型中的主要外生经济变量包括 GDP、人口、劳动力等将数据库外推升级到 2035 年，所需数据均来自法国国际信息和展望研究中心（CEPII）。另外，本书重点研究我国的二氧化碳排放趋势，因为获取世界 139 个国家或地区社会经济发展水平数据的难度较高，故将数据库中除中国之外合并后的 21 个国家或地区，2012—2035 年二氧化碳排放依据世界资源研究所 CAIT 数据库②进行设置，影响我国未来二氧化碳排放趋势的社会经济发展水平包括工业化进程、能源结构等数据，均来自本书预测结果。

二、GDyn-E 模型的政策情景设置

本书通过我国 2035 年之前 GDP、人口、城镇化率、工业

① WALMSLEY T，DIMARANAN B，MCDOUGALL R. A Base Case Scenario for the Dynamic GTAP Model [Z]. Center for Global Trade Analysis，Purdue University，West Lafayette，2000.

② 21 个国家或地区 2020—2035 年的二氧化碳数据仅为其目标数据。

化进程、能源消费结构等社会经济发展趋势分析，发现在其他社会经济关键因素发展趋势不变的条件下，我国工业化进程呈现全面完成工业化和基本完成工业化两种发展趋势。因此，本书按照2035年之前基本完成工业化情景和完成工业化情景预测我国未来二氧化碳排放变化趋势，以此对比工业化进程对我国二氧化碳排放变化趋势的影响，具体情景设置如表5-3所示。

表5-3 政策情景设置

情景	经济因素		社会因素	资源禀赋因素			
	GDP增长率	工业化进程	人口增长率	能源结构			
				煤炭占比	石油占比	天然气占比	非化石能源占比
基本完成工业化	现有发展趋势	2035年前基本完成工业化	现有发展趋势	2030年为45.4%，2035年为40.5%	2030年为19.6%，2035年为19.3%	2030年为15%，2035年为18%	2030年为20%，2035年为22.3%
完成工业化		2031年完成工业化					

三、GDyn-E模型的社会经济关键因素引入

我们由上文可知，影响二氧化碳变化的社会经济关键因素主要有GDP、人口、工业化进程、能源结构等。GDyn-E模型自变量有GDP、人口和能源结构，仅有工业化进程需要近似输

入。由图 5-1 可知，欧盟+英国 28 个国家、美国、加拿大、日本等工业化进程高的同时 TFP 也高，工业化进程平均值为 91.8，TFP 平均值为 1，前者约为后者的 100 倍。因此，本书以 GDyn-E 模型的 TFP 变化按照 1：100 近似代替我国工业化进程。

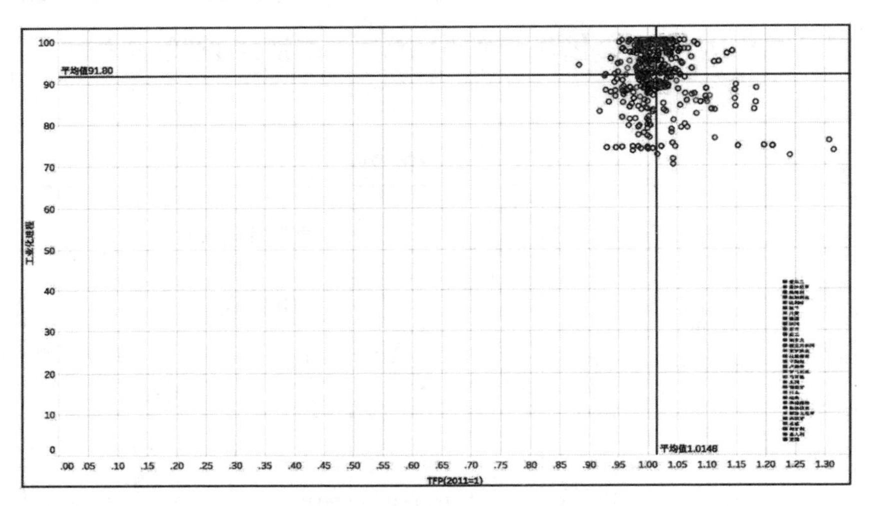

图 5-1　发达国家 TFP 和工业化进程的关系

数据来源：本节参考陈佳贵等①学者的方法判断图 5-1 发达国家工业化进程，其中所需数据均来自世界银行数据库；TFP 数据来自 PWT9.1 数据库。

① 陈佳贵，黄群慧，钟宏武．中国地区工业化进程的综合评价和特征分析[J]．经济研究，2006，41（6）：4-15.

第三节 二氧化碳排放未来变化趋势：基于 GDyn-E 模型分析

一、我国未来二氧化碳排放总趋势

我们基于 GDyn-E 模型和表 5-3 情景可得我国 2035 年之前二氧化碳排放变化趋势如图 5-2 所示。我们可以发现：（1）峰值时间。按照我国能源规划，在基本完成工业化和完成工业化情景下，我国 2035 年之前二氧化碳排放均会达峰，完成工业化进程将有更快的碳效率、更加优化的产业结构和就业结构。我国提前两年达峰即 2027 年达峰，在基本完成工业化进程情景下将于 2029 年达峰。（2）峰值大小。在完成工业化进程情景下，二氧化碳排放峰值大于基本完成工业化进程情景，分别为 11.49GtCO_2、11.70GtCO_2，两者相差 0.21GtCO_2。（3）排放速度。在完成工业化进程下，我国二氧化碳排放均小于基本完成工业化情景，两者碳排放差的绝对值不断增大。我国在完成工业化进程情景下二氧化碳排放增长至 2027 年的 11.49GtCO_2 再下降到 2035 年的 11.08GtCO_2，在基本完成工业化情景下增长至 2029 年的 11.70GtCO_2 再下降到 2035 年的 11.58GtCO_2，两种情景的绝对值差不断增大。与已有研究结果对比可知（见图 5-2），本书预测结果均位于现有预测结果范围之内，具有可比性。

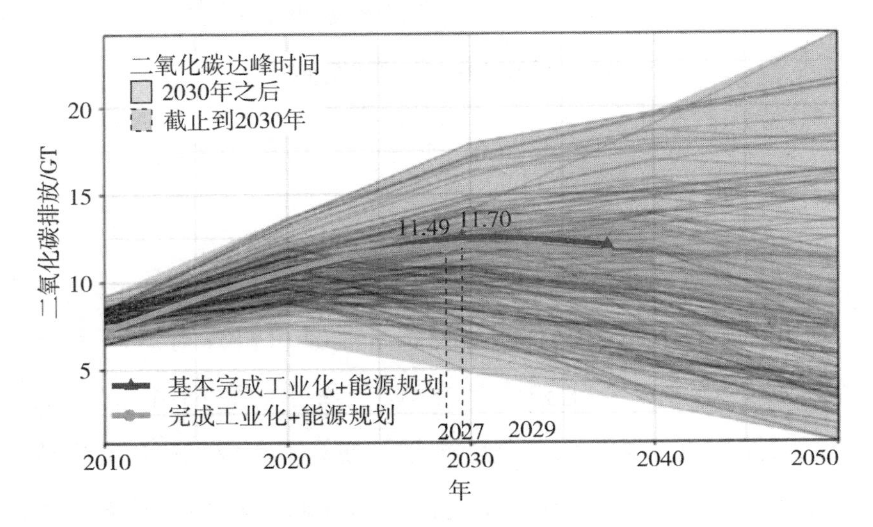

图 5-2　我国 2035 年之前的二氧化碳排放变化趋势

注：图 5-2 黑色粗线条为本书预测结果，其他线条绘制参考 Lugovoy 等①。

二氧化碳的排放，主要经济体可分为生产者和消费者，两者能源消费量的不同也会显著造成碳排放的差异。我国 2035 年之前主要经济体的二氧化碳排放中企业占据主导地位，约为 94%，增速显著下降，这成为碳排放达峰的主要原因。从不同达峰时间主要经济体的二氧化碳排放来看，作为生产者的企业

① LUGOVOY O, FENG X Z, GAO J, et al. Multi-model comparison of CO_2 emissions peaking in China: Lessons from CEMF01 study [J]. Advances in Climate Change Research, 2018, 9 (1): 1-15.

占比最大，平均达到94%，家庭仅占6%，不足企业的十分之一；从不同达峰时间主要经济体的二氧化碳排放变化来看，企业二氧化碳排放变化显著，达峰前增速的快速下降促进了碳排放的达峰，而个人二氧化碳排放变化量甚微，且个人碳排放下降的时间要滞后达峰时间与企业下降时间。与我国二氧化碳排放总量变化量特点一致，2027年碳排放达峰的企业二氧化碳排放达峰前的增速下降量以及达峰后的绝对下降量均大于2029年碳排放达峰前的增速下降量和达峰后的绝对下降量。

二、我国不同能源产品二氧化碳排放变化趋势

从图5-3来看，我国2035年之前使用不同能源产品的二氧化碳排放中煤炭占比一直最大，约79.9%，下降最显著，这是碳排放达峰的主要原因。从我国使用不同能源产品的二氧化碳排放来看，不论是2027年达峰还是2029年达峰，煤炭仍然是我国的主要能源产品，相应也是主要的排放来源，平均占比高达79.9%，石油及其制品次之，占比为16.6%，天然气最小，仅有3.5%。从我国使用不同能源产品的二氧化碳排放占比变化趋势来看，煤炭排放变化最显著，表现为下降趋势，约下降2%，石油及其制品与天然气均呈现上升趋势，分别增加1.5%和0.5%。这意味着从使用能源产品的二氧化碳排放结构来看，我国二氧化碳排放达峰主要依靠煤炭引致排放的下降，这与我国“多煤、少油、少气”的资源禀赋，以及煤炭一直是

我国主要消费能源相关，煤炭消费下降的同时不断增加石油及其制品与天然气的消费，而天然气开采技术的提高与大量供给的困难也增加了人们对石油及其制品的消费。

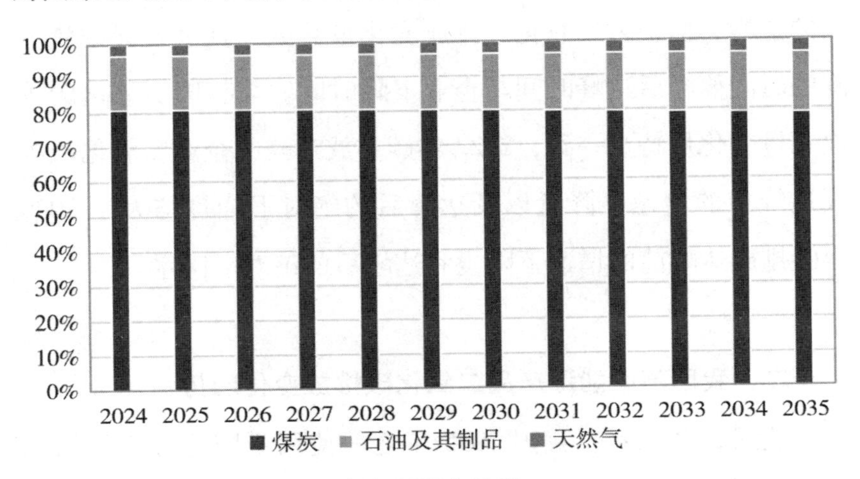

（a）2027 年达峰

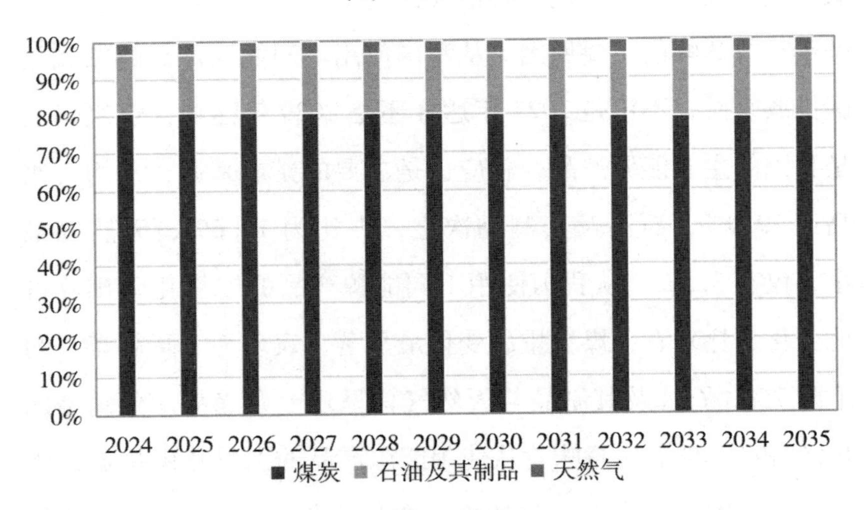

（b）2029 年达峰

图 5-3　2027 年与 2029 年达峰下我国不同能源产品二氧化碳排放占比

三、全球主要排放大国未来二氧化碳排放格局

从全球主要排放大国[①]的二氧化碳排放占比来看（图5-4）[②]，中国一直是占比最大的国家，2035年占比达到33.03%，同期印度逐渐超过欧盟与美国成为占比第二大国家，达到14%，美国成为第三大排放国，2035年占比为8.8%，最后是俄罗斯和欧盟，2035年占比分别为5%和4.4%。我们从主要排放大国二氧化碳排放占比的纵向变化来看，呈现四种变化趋势，一是下降趋势，美国2035年下降到8.8%，欧盟2035年下降到4.4%。作为发达国家，美国和欧盟大多数国家的工业化进程在2024年已经完成，能源效率高，碳排放峰值已经来临，未来碳排放占比呈现下降趋势。二是上升趋势，印度一直增加到2035年的14%。印度作为高速发展的发展中国家，目前是全球人口最多的国家，2035年GDP（2005年不变价美元）相对2020年将翻一番，[③] 这将显著增加二氧化碳排放，造成碳排放占比的提高。三是先上升后下降趋势。中国在2031

---

① 以IEA二氧化碳排放数据来看，排名前五的为中国、美国、欧盟、印度和俄罗斯，占到全球碳排放的一半以上，本书以此作为碳排放主要经济体。

② 由于我国完成工业化的达峰时间早于基本完成工业化情景，达峰时间也符合我国工业化进程实现目标，我们可以更加准确地分析我国的阶段性特征，完成工业化情景和基本完成工业化情景的全球未来二氧化碳排放格局差异不是很显著，得到的结论具有一致性，本书以完成工业化情景下的全球二氧化碳排放格局进行分析。

③ 数据来自CEPII EconMap数据库2.4。

年将进入后工业化阶段，煤炭占比持续下降到2035年的40.5%，促使2027年二氧化碳排放峰值的实现，使中国二氧化碳占比呈现先上升后下降的变化趋势。四是无显著变化趋势，主要是俄罗斯，平均占比为5.1%。俄罗斯人口和经济变化幅度小，碳密集型行业较少，未来二氧化碳排放不会显著变化，有稳定的变化趋势。

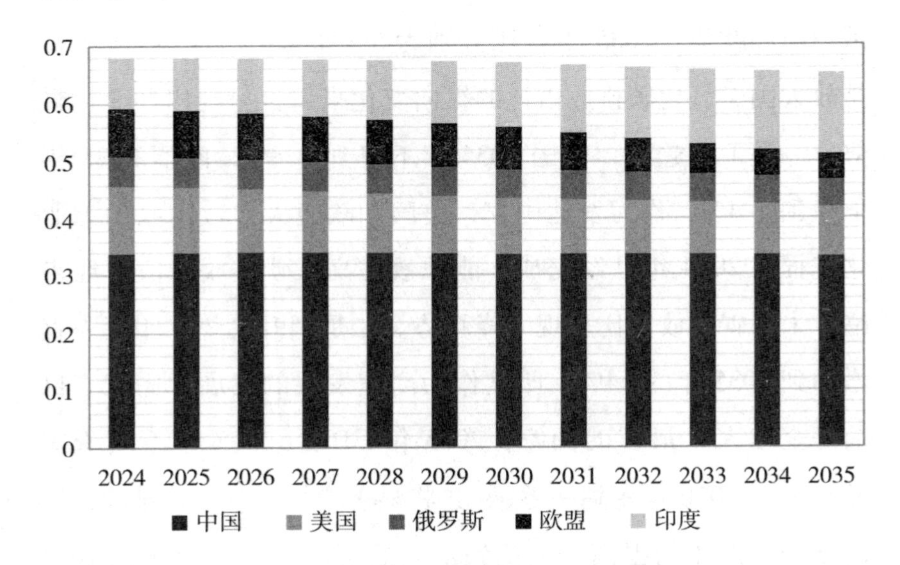

图5-4　2035年之前全球主要排放大国的二氧化碳排放占比

注：图5-4为完成工业化情景下全球未来二氧化碳排放格局。

四、全球主要排放大国的历史累积排放

本书基于潘佳华和郑艳国家历史累积与人均历史累积排放

的计算方法，[①] 以世界资源研究所二氧化碳排放数据[②]和英国牛津大学“用数据看世界”的人口数据[③]以及本书计算结果得到全球二氧化碳排放大国，得到1900—2035年分阶段的国家历史累积与人均历史累积排放如图5-5和图5-6所示。碳排放大国的国家历史累积与人均历史累积的排名具有显著差异，美国在国家历史累积和人均历史累积一直是排名第一的国家，我国国家历史累积和人均历史累积排名差距巨大。从国家历史累积排放来看，我国到2035年的国家历史累积排放超过欧盟成为第二大累积排放国，达到3846.04亿吨二氧化碳，全球第一大经济体的美国一直是累积排放最多的国家，到2035年达到4469.77亿吨二氧化碳，是中国的1.16倍、欧盟的1.25倍、俄罗斯的3.22倍、印度的4.31倍；从人均历史累积排放来看，1900—2035年主要碳排放大国中，美国一直是人均历史累积排放最多的国家，到2035年达到2108.78吨二氧化碳，仅次于美国的俄罗斯为1035.20吨二氧化碳，是美国的49%。欧盟为823.12吨二氧化碳，是美国的39%，接着是中国，仅290.14吨二氧化碳，分别是美国、欧盟的14%、35%，最后是印度，仅90.88吨二氧化碳，是美国的4.3%。

① 潘家华，郑艳．基于人际公平的碳排放概念及其理论含义［J］．世界经济与政治，2009（10）：6-16，3.

② 数据来自世界资源研究所。

③ 数据来自 our world in data。

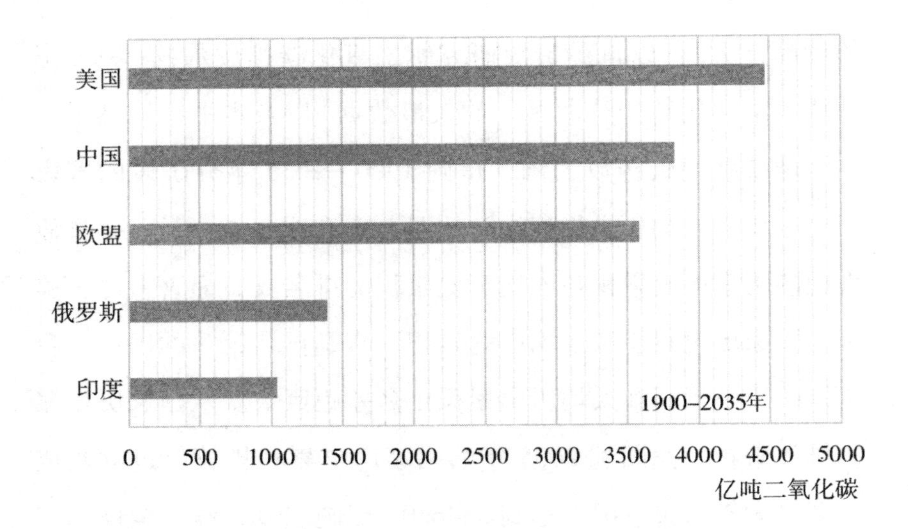

图 5-5 1900—2035 年全球主要排放大国的历史累积排放

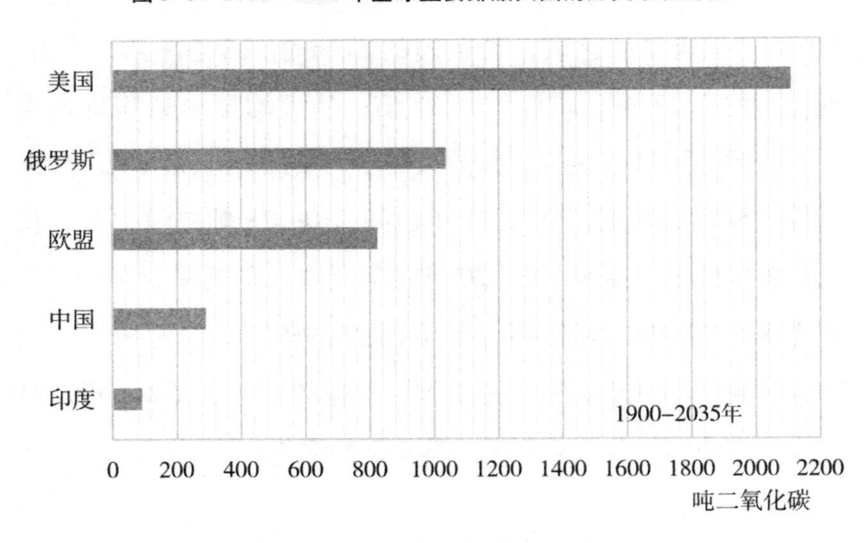

图 5-6 1900—2035 年全球主要排放大国的人均累积排放

本章小结

本章在上一章我国2035年之前驱动二氧化碳排放增长的社会经济关键因素发展趋势基础上，将包含能源环境模块的动态全球一般均衡模型的国家或地区及部门根据研究内容进行汇总或合并，并运用动态递归法将模型中的主要外生经济变量根据最新数据将数据库外推升级到2035年，最后以全球的角度预测和分析了我国在2035年之前基本完成工业化和完成工业化两种情景下未来二氧化碳发展趋势，以及全球主要二氧化碳排放大国的排放格局、分阶段的国家历史累积与人均历史累积二氧化碳排放，形成的主要结论如下：

第一，基于包含能源环境模块的动态全球一般均衡模型分析，在完成工业化和基本完成工业化进程两种情景下我国二氧化碳排放均已达峰，前者2027年达峰，峰值为11.49GtCO_2，后者2029年达峰，峰值为11.70GtCO_2，而且在完成工业化进程下，我国二氧化碳排放均小于基本完成工业化情景，两者碳排放差的绝对值不断增大。

第二，无论是2027年达峰还是2029年达峰，我国二氧化碳排放中煤炭占比一直最大，约79.9%，石油及其制品次之，占比为16.6%，天然气最小，仅有3.5%，煤炭占比下降最显著，是碳排放达峰的主要原因，约下降 2%，石油及其制品与天然气均呈现上升趋势，分别增加 1.5%和 0.5%。

第三，从全球 2035 年之前主要国家二氧化碳排放格局来看，中国一直是占比最大的国家，2035 年占比为 33.03%，同期印度占比为 14%，美国为 8.8%，欧盟为 4.4%。

第四，从国家历史累积与人均历史累积二氧化碳排放来看，美国国家历史累积和人均历史累积排放都排名全球第一，中国到 2035 年国家历史二氧化碳累积排放将达到 3846.04 亿吨，超过欧盟成为第二大历史累积排放国，而人均历史累积碳排放仅为 290.14 吨，分别是美国、欧盟的 14%、35%。

第六章

结论与展望

本章在对驱动二氧化碳排放社会经济关键因素的变化趋势、我国未来二氧化碳变化趋势及全球主要排放大国的排放格局、分阶段的国家历史累积与人均历史累积二氧化碳排放的研究基础上，总结了主要结论，并进行了展望。

第一节　主要结论

气候变暖作为环境问题的焦点，引起了全球广泛关注，造成气候变暖的主要温室气体——二氧化碳排放自然成为全球治理的重点内容。随着我国成为世界第二大经济体和第一大碳排放国，以及2022年能源相关的二氧化碳排放总量占全球总量的32.88%，我国的二氧化碳排放变化趋势受国际社会的广泛关注。我国积极关注并参与全球气候变化行动，在国内也开展了一系列降低二氧化碳的减缓措施，能源结构不断优化，单位 GDP 能耗系数和单位 GDP 碳排放系数均在下降，并提出了我国二氧化碳排放 2030 年之前达到峰值的目标，并争取在 2060 年前实现碳中和的“双碳”目标。我国正处于城镇化、工业化的加速阶段，处于工业社会向后工业社会转型期，能源资源禀赋为“多煤、少气、少油”，这将会显著影响我国二氧化碳排放趋势。作为全球治理的重要参与方，我国未来社会经济发展水平如何变化以及基于这样的社会经济发展水平我国的二氧化碳排放趋势又将如何变化，甚至我国 2030 年之前二氧化碳排放达峰的目标如果实现了，达峰时间与达峰大小等一系列的问题都是值得关注的焦点。因此，本书首先对我国 2035 年之前的社会经济发展趋势进行分析，其中城镇化率运用 Logistic 增长模型、新陈代谢 GM（1，1）模型、经济因素相关关系类模型等三种经典模型进行预测，工业化进程采用陈佳贵等人①的方法进行判断，能源结构采用成分结构法和新陈代谢 GM（1，1)模型进行预测。基于以上社会经济发展趋势，我们运用动态全球一般均衡模型以及动态递归法分别研究了我国 2035 年之前基本完成工业化情景和完成工业化情景下，我国未来二氧化碳排放的变化趋势、全球二氧化碳排放格局以及碳排放大国的分阶段国家与人均累积排放。本书的主要结论如下：

① 陈佳贵，黄群慧，钟宏武．中国地区工业化进程的综合评价和特征分析［J］. 经济研究，2006，41（6）：4-15.

第一，我国2035年之前城镇化率显著提高，呈现线性增长趋势，在2027年恰好超过70%（70.50%），进入稳定发展阶段，2035年超过80%（80.43%），达到OECD国家平均城镇化率水平，其中2025年平均城镇化率为68.04%，2030年为74.21%，2035年为80.43%。对比预测城镇化率Logistic增长模型、新陈代谢GM（1，1）模型、经济因素相关关系类模型的结果绝对值发现，经济因素相关关系类模型的预测结果是这三种中结果最大的，新陈代谢GM（1，1）模型次之，Logistic增长模型最小。我们从结果之间的相对差异来看，在2026年之前，结果相差甚小，最大值与最小值差额小于1%，但从2027年开始，结果之间的差额不断增大，从2027年最大值与最小值差额的1.23%线性增加到2035年的4.41%。

第二，我国2035年之前工业化进程呈现两种发展趋势，一种是完成工业化，我国于2024年就已进入工业化后期，且具有较高的工业化水平，经过快速发展，可于2031年完成工业化进程，进入后工业化阶段；另一种是基本完成工业化，我国于2024年已进入工业化后期，工业化水平与第一种变化趋势相差甚微，但随后的发展速度慢于前者，直至2031年开始进入工业化后期的末尾阶段，且2035年达到微高于前者2029年的工业化水平，属于基本完成工业化水平。

第三，我国2035年之前能源消费结构将继续保持低能耗、低污染的优化趋势，煤炭消费量在能源消费量的占比继续下降，2035 年达到 40. 5%，年均下降 0. 95 个百分点，但是仍然是主导消费能源；石油占比呈现先上升后下降的变化趋势，增加到 2030 年的 19. 6%再下降到 2035 年的 19. 3%；同期，天然气和非化石能源占比均为线性增加，前者由 11. 4%上升到 18%，年均增长 0. 55 个百分点，后者由 17. 3%增加到 22. 3%，年均增长 0. 42 个百分点，成为除煤炭外消费最多的能源。

第四，基于我国 2035 年之前社会经济发展与动态全球能源环境分析模型，发现基本完成工业化和完成工业化情况下我国 2035 年之前二氧化碳排放均会达峰，前者达峰时间存在延迟，峰值大小也微高于后者，基本完成工业化情况下是在 2029 年达峰，峰值大小是 11. 70GtCO_2，完成工业化情况下是在 2027 年达峰，峰值大小是 11. 49GtCO_2。无论是 2027 年达峰还是 2029 年达峰，我国二氧化碳排放中煤炭占比一直最大，约 79. 9%，石油及其制品次之，占比为 16. 6%，天然气最小，仅有 3. 5%，煤炭占比下降最显著，是碳排放达峰的主要原因，约下降 2%，石油及其制品与天然气均呈现上升趋势，分别增加 1. 5%和 0. 5%。

第五，从 2035 年之前全球二氧化碳排放格局来看，中国一直是占比最大的国家，2035 年达到 33. 03%，同期印度逐渐超过欧盟与美国成为占比第二大国家，达到 14%，美国成为第三大排放国，2035 年为 8. 8%，最后为俄罗斯和欧盟，2035 年占比分别为 5%和 4. 4%；从二氧化碳排放大国的分阶段国家与人均累积排放来看，主要碳排放大国的国家累积与人均累积呈现的位序具有显著差异，美国在国家累积和人均累积一直是排名第一的国家，中国到 2035 年国家历史累积排放将达到 3846.04 亿吨二氧化碳，超过欧盟成为第二大历史累积排放国，而人均历史累积碳排放仅为 290.14 吨，分别是美国、欧盟的 14%、35%。

第二节 对策建议

基于本书的研究内容和结论，我们对我国相关对策建议总结如下：

第一，加快工业化进程，有助于我国二氧化碳排放峰值的更早实现以及《巴黎协定》目标的完成。根据本书研究结果，在完成工业化进程的基础下，我国二氧化碳排放可于 2027 年达峰，比基本完成工业化条件下要提前两年达峰，且峰值量也小。因此，工业化进程的加快，有利于优化能源结构、稳定城镇化进程、调整产业结构，我国二氧化碳排放实现更早时间、更小量的达峰。

第二，进一步优化能源消费结构，减少煤炭消费，增加天然气、非化石能源消费，可以减少我国二氧化碳排放。不同能源种类的碳排放强度具有显著差异，根据本书研究结果，我国二氧化碳排放主要来自煤炭消费，而天然气消费虽有增加却很有限。因此，我国可通过天然气消费补贴、煤炭消费的控制等引导措施降低高排放的煤炭消费占比，逐渐增加天然气、非化石能源的需求，从而减少二氧化碳排放。

第三，参与全球气候治理要兼顾我国国家和人均累积二氧化碳排放，这样符合我国相应发展需求，可以体现我国责任担当的国家立场。累积二氧化碳排放可以更好地体现发达国家和发展中国家的能力与责任，本书研究发现，我国虽然是第一大碳排放国，可是现在以及 2035 年之前国家累积二氧化碳排放次于美国和欧盟，人均累积二氧化碳排放远低于美国、俄罗斯、欧盟。因此，我国在未来参与全球气候治理时可以同时考虑自身以及主要碳排放大国的国家和人均累积碳排放，这样既符合我国相应发展需求，又能体现我国责任担当的国家立场。

第三节　研究不足及展望

碳排放趋势研究是一个内容非常丰富的主题，但由于研究目的和研究能力的限制，本书尽管对我国 2035 年之前驱动二氧化碳排放的社会经济关键因素发展趋势以及二氧化碳排放趋势进行了比较细致的分析，但是数据基础还有待提升。本书预估未来二氧化碳排放趋势采用的包含能源环境模块的动态全球一般均衡模型核心数据为世界投入产出表，由于该表涉及 140 个国家或地区，57 个部门的 GDP、税收、投资、贸易、能源等大量数据，虽能详细准确地刻画每个国家或地区的经贸结构以及二氧化碳排放格局，但是编制此表耗费巨大的人力、物力、时间，往往存在一定的时间滞后性，这是所有运用投入产出表分析研究存在的普遍问题。在数据可获得的情况下，本书后期将根据包含能源环境模块的动态全球一般均衡模型最新数据库进行我国二氧化碳排放趋势及全球排放格局的研究，以期更加准确地刻画未来的二氧化碳排放趋势。再者，动态全球一般均衡模型是描述家庭、企业、政府等行为主体的理性经济行为，然后通过商品市场、要素市场、外贸市场等之间的经济关系，以及时间变量和资本理论动态构成的，但是没有工业化进程等综合性指标，需要笔者参考已有文献和自我经验去以相关指标进行近似代替。若模型修改或调整后有更多社会经济发展的综合性指标，我们后期将用动态全球一般均衡模型更加详细地从社会经济角度刻画我国的二氧化碳排放趋势以及全球碳排放格局。此外，本书后期也将进一步挖掘研究结论的政策含义，将生态文明建设与低碳发展中长期规划相结合，提出更加精准的政策建议。

参考文献

一、中文文献

（一）专著

[1] 钱纳里，鲁宾逊，赛尔奎因．工业化和经济增长的比较研究［M］．吴奇，王松宝，等译．上海：上海人民出版社，1986.

[2] 卡森．寂静的春天［M］．韩正，译．北京：人民教育出版社，2017.

[3] 库兹涅茨．现代经济增长［M］．戴睿，易诚，译．北京：北京经济学院出版社，1989.

[4] 科迪．发展中国家的工业发展政策［M］．张虹，译．北京：经济科学出版社，1990.

[5] 张尧庭．成分数据统计分析引论［M］．北京：科学出版社，2000.

（二）期刊

[1]《中国能源展望2030》报告发布［J］. 资源节约与环保，2016（4）.

[2] 白先春，李炳俊. 基于新陈代谢GM（1，1）模型的我国人口城市化水平分析［J］. 统计与决策，2006（5）.

[3] 毕超. 中国能源CO_2排放峰值方案及政策建议［J］. 中国人口·资源与环境，2015，25（5）.

[4] 毕文丽，任晓宇. 山东省建筑业碳排放影响因素及峰值预测［J］. 山东理工大学学报（自然科学版），2023，37（4）.

[5] 蔡博峰，曹丽斌，雷宇，等. 中国碳中和目标下的二氧化碳排放路径［J］. 中国人口·资源与环境，2021，31（1）.

[6] 曹飞，张文华. 中国省域碳排放的灰色GM（1，1）模型面板预测［J］. 统计与管理，2022，37（5）.

[7] 曹桂英，任强. 未来全国和不同区域人口城镇化水平预测［J］. 人口与经济，2005（4）.

[8] 柴麒敏，徐华清. 基于IAMC模型的中国碳排放峰值目标实现路径研究［J］. 中国人口·资源与环境，2015，25（6）.

[9] 常维东，李刚，汤骅，等. 浅析玻璃行业实现碳中和的路径［J］. 玻璃，2023，50（11）.

[10] 陈夫凯，夏乐天. 运用ARIMA模型的我国城镇化水平预测［J］. 重庆理工大学学报（自然科学），2014，28（4）.

[11] 陈佳贵，黄群慧，钟宏武．中国地区工业化进程的综合评价和特征分析 [J]．经济研究，2006，41（6）．

[12] 陈壬贤，赵弘昊．关于道路照明碳达峰、碳中和路径的探讨 [J]．农村电气化，2023（10）．

[13] 陈莎，麦兴宇，刘影影，等．甘肃省碳中和路径下二氧化碳减排与环境健康效益协同分析 [J]．安全与环境学报，2024，24（2）．

[14] 陈涛，李晓阳，陈斌．中国碳排放影响因素分解及峰值预测研究 [J]．安全与环境学报，2024，24（1）．

[15] 陈迎．碳中和概念再辨析 [J]．中国人口·资源与环境，2022，32（4）．

[16] 程远哲．水泥行业碳达峰碳中和科技发展路径探讨 [J]．中国水泥，2023（12）．

[17] 丑洁明，代如锋，董文杰，等．美国气候新政背景下的中国未来 CO_2 排放情景预测 [J]．气候变化研究进展，2018，14（1）．

[18] 储涛，钟永光，孙浩，等．考虑消费者碳责任的家电产业“碳中和”路径研究 [J]．系统工程理论与实践，2024，44（3）．

[19] 崔晓祥，张圣玺．公共机构碳排放特点和碳中和实现路径研究：以某公共机构为例 [J]．甘肃金融，2023（10）．

[20] 代如锋，丑洁明，董文杰，等．中国碳排放的历史

特征及未来趋势预测分析［J］. 北京师范大学学报（自然科学版），2017，53（1）.

［21］戴宝华，赵祺. 我国石化产业碳中和路径展望［J］. 石油炼制与化工，2024，55（1）.

［22］邓旭，谢俊，滕飞. 何谓“碳中和”？［J］. 气候变化研究进展，2021，17（1）.

［23］董慧君，关海玲，赫煜. 山西省实现碳达峰碳中和路径研究［J］. 生产力研究，2024（1）.

［24］董建锴，高游，孙德宇，等. 建筑领域碳中和相关定义、目标及技术路线概览［J］. 暖通空调，2023，53（10）.

［25］董丽燕. 北方某大型国际机场碳达峰、碳中和实现路径的初步研究［J］. 科技资讯，2023，21（23）.

［26］杜祥琬，杨波，刘晓龙，等. 中国经济发展与能源消费及碳排放解耦分析［J］. 中国人口·资源与环境，2015，25（12）.

［27］段福梅. 中国二氧化碳排放峰值的情景预测及达峰特征：基于粒子群优化算法的 BP 神经网络分析［J］. 东北财经大学学报，2018（5）.

［28］范师嘉，许光清，赵庆，等. 考虑储能的电力系统优化与中国碳中和情景分析［J］. 中国环境科学，2024（5）.

［29］方精云. 碳中和的生态学透视［J］. 植物生态学报，2021，45（11）.

[30] 付林．园区能源碳中和解决方案探析：以某校园碳中和为例 [J]．可持续发展经济导刊，2022（4）．

[31] 高春亮，魏后凯．中国城镇化趋势预测研究 [J]．当代经济科学，2013，35（4）．

[32] 郭海兵，孟晨．基于 STIRPAT 模型的碳排放预测：以连云港市为例 [J]．城市建设理论研究（电子版），2023（23）．

[33] 郭筱祎．双碳目标背景下陕西省碳排放预测及减排路径研究 [J]．煤炭经济研究，2021，41（9）．

[34] 郝宇，巴宁，盖志强，等．经济承压背景下中国能源经济预测与展望 [J]．北京理工大学学报（社会科学版），2020，22（2）．

[35] 何乐天，杨泳琪，李蓉，等．基于 STIRPAT 模型的黑龙江省工业碳排放情景分析与峰值预测 [J]．资源与产业，2024，26（1）．

[36] 洪靖，李璇，高倍，等．辽宁省电力行业碳排放现状及碳中和策略分析 [J]．环境保护与循环经济，2023，43（11）．

[37] 胡鞍钢．中国实现 2030 年前碳达峰目标及主要途径 [J]．北京工业大学学报（社会科学版），2021，21（3）．

[38] 胡炜杰，吴英柱，韦君婷，等．碳中和战略下石化特色城市低碳发展思路：以茂名为例 [J]．广东化工，2023，50（19）．

[39] 黄昕怡，吴嘉仪，林文浩，等．基于 GM（1，1）模

型的江苏省碳排放预测 [J]. 黑龙江科学，2022，13 (18) .

[40] 霍如周，奚小波，张翼夫，等. 碳中和背景下中国农业碳排放现状与发展趋势 [J]. 中国农机化学报，2023，44 (12) .

[41] 冀赛赛，路斌，韩琳. 公共机构实现碳中和运行的关键路径与方法研究 [J]. 生态经济，2023，39 (12) .

[42] 贾百俊，刘科伟，王旭红，等. 工业化进程量化划分标准与方法 [J]. 西北大学学报（哲学社会科学版），2011，41 (5) .

[43] 简新华，黄锟. 中国城镇化水平和速度的实证分析与前景预测 [J]. 经济研究，2010，45 (3) .

[44] 姜克隽，贺晨旻，庄幸，等. 我国能源活动 CO_2 排放在 2020—2022 年之间达到峰值情景和可行性研究 [J]. 气候变化研究进展，2016，12 (3) .

[45] 金颖，祝毅然，孙腾. 上海市能源电力领域碳达峰碳中和路径分析 [J]. 上海节能，2023 (9) .

[46] 金宇航，朱佳斌，刘亦芳，等. 电力行业碳达峰碳中和实施路径研究 [J]. 现代工业经济和信息化，2023，13 (3) .

[47] 孔凡文，许世卫. 我国城镇化发展速度分析及预测 [J]. 沈阳建筑大学学报（社会科学版），2006，8 (2) .

[48] 兰海强，孟彦菊，张炯 .2030 年城镇化率的预测：

基于四种方法的比较［J］. 统计与决策，2014（16）.

［49］雷贵祥. 基于能源结构调整的省级区域碳排放预测研究［J］. 能源与节能，2023（5）.

［50］李晨，耿亮，熊燚，等. 基于计量经济学的能源转型背景下全球碳排放预测分析方法［J］. 全球能源互联网，2020，3（1）.

［51］李恩平. 基于六普、五普的城镇化人口统计数据修补［J］. 人口与经济，2012（4）.

［52］李金超，鹿世强，郭正权. 中国省际碳排放预测及达峰情景模拟研究［J］. 技术经济与管理研究，2023（3）.

［53］李拏，王建良，刘睿，等. 碳中和目标下天然气产业发展的多情景构想［J］. 天然气工业，2021，41（2）.

［54］李善同."十二五"时期至2030年我国经济增长前景展望［J］. 经济研究参考，2010（43）.

［55］李姝晓，童昀，何彪. 多情景下海南省旅游业的碳达峰与碳中和预测［J］. 经济地理，2023，43（6）.

［56］李小军，朱青祥，漆志强，等. 基于STIRPAT模型的碳排放峰值预测研究：以甘肃省为例［J］. 环保科技，2022，28（5）.

［57］李心萍，苏时鹏，张雅珊，等. 福建省碳排放预测与碳达峰路径分析［J］. 资源开发与市场，2023，39（2）.

［58］李震. 体育产业碳中和行动的国际经验与启示［J］.

当代体育科技，2023，13（29）.

[59] 梁永生. 煤矿企业碳达峰与碳中和方案研究：以西山煤电集团为例 [J]. 能源与节能，2024（2）.

[60] 廖志高，阮梦颖. 碳中和目标下中国煤炭产业发展多情景构想研究 [J]. 广西职业技术学院学报，2022，15（3）.

[61] 林伯强，蒋竺均. 中国二氧化碳的环境库兹涅茨曲线预测及影响因素分析 [J]. 管理世界，2009（4）.

[62] 林伯强，李江龙. 环境治理约束下的中国能源结构转变：基于煤炭和二氧化碳峰值的分析 [J]. 中国社会科学，2015（9）.

[63] 林水发，郑兆龙，韩晖，等. 碳中和愿景下景区碳排放核算与零碳路径研究：以崇州市大雨村幸福里林盘景区为例 [J]. 生态经济，2024（4）.

[64] 刘洪涛，尚进，蒲学吉. 基于面板 Logistic 增长模型中国城镇化演进特征与趋势分析 [J]. 西北人口，2018，39（2）.

[65] 刘宇，蔡松锋，张其仔. 2025 年、2030 年和 2040 年中国二氧化碳排放达峰的经济影响：基于动态 GTAP-E 模型 [J]. 管理评论，2014，26（12）.

[66] 刘宇，陈诗一，蔡松锋. 2050 年全球八大经济体 BAU 情境下的二氧化碳排放：基于全球动态能源和环境 GTAP-Dyn-E 模型 [J]. 世界经济文汇，2013（6）.

[67] 刘桢，谢鹏程，黄莹，等．基于能源政策模拟模型的广州市2050年实现碳中和的路径研究［J］．科技管理研究，2023，43（4）．

[68] 龙晓君，郑健松，李小建，等．全面二孩背景下中国省际人口迁移格局预测及城镇化效应［J］．地理科学，2018，38（3）．

[69] 楼泽瑶．基于WTD-PPAR的中国碳排放预测研究［J］．软件导刊，2024，23（2）．

[70] 吕志祥，李瑞花．黄河流域碳达峰碳中和协同实现路径研究［J］．甘肃开放大学学报，2023，33（1）．

[71] 栾紫清．基于灰色关联与预测模型分析陕西省交通运输碳排放［J］．汽车实用技术，2019（3）．

[72] 罗浩轩．中国农业农村碳排放趋势测算及实现碳中和政策路线图研究［J］．广西社会科学，2023（2）．

[73] 罗仕华，胡维昊，刘雯，等．中国2060碳中和能源系统转型路径研究［J］．中国科学：技术科学，2024，54（1）．

[74] 缪得志．浙江“碳中和”银行建设的实践路径及难点分析［J］．农银学刊，2023（3）．

[75] 穆俊同，李志硕，谷传杰．发输电与用电系统的碳中和经济效益评估研究［J］．现代工业经济和信息化，2023，13（12）．

[76] 潘家华，郑艳．基于人际公平的碳排放概念及其理

论含义［J］. 世界经济与政治，2009（10）.

［77］潘毅群，魏晋杰，汤朔宁，等. 上海市建筑领域碳中和预测分析［J］. 暖通空调，2022，52（8）.

［78］屈仁春，陈萍秀. 基于STIRPAT改进模型的民航碳排放预测研究［J］. 成都航空职业技术学院学报，2023，39（2）.

［79］渠慎宁，郭朝先. 基于STIRPAT模型的中国碳排放峰值预测研究［J］. 中国人口·资源与环境，2010，20（12）.

［80］阮若琳. 基于离散二阶差分算法的被动式木结构建筑碳排放预测方法［J］. 长春大学学报，2023，33（10）.

［81］佘利慧，汤江晖，傅质馨，等. 双碳背景下区域碳排放预测研究及情景分析［J］. 电力需求侧管理，2023，25（3）.

［82］沈卫国. 基于生命周期的水泥工业碳中和整体路径［J］. 新世纪水泥导报，2022，28（2）.

［83］沈益婷. 碳达峰和碳中和目标下工业园区减污降碳路径探析［J］. 节能与环保，2023（6）.

［84］师树虎，蔡亚萍，沈婧. 碳中和背景下宁夏地区煤化工领域碳减排的实现措施思考［J］. 黑龙江环境通报，2024，37（1）.

［85］孙东琪，陈明星，陈玉福，等. 2015—2030年中国新型城镇化发展及其资金需求预测［J］. 地理学报，2016，71（6）.

[86] 孙蒙，李长云，邢振方，等．碳中和目标下中国碳排放关键影响因素分析及情景预测 [J]．高电压技术，2023，49（9）．

[87] 孙旭东，张蕾欣，张博．碳中和背景下我国煤炭行业的发展与转型研究 [J]．中国矿业，2021，30（2）．

[88] 邰俊．生活垃圾领域碳达峰碳中和路径的思考与探讨 [J]．新理财（政府理财），2023（12）．

[89] 滕飞，平冰宇，边远，等．基于 STIRPAT 模型的东三省“碳排放”预测与达峰路径研究 [J]．通化师范学院学报，2022，43（10）．

[90] 滕欣，李健，刘广为．中国碳排放预测与影响因素分析 [J]．北京理工大学学报（社会科学版），2012，14（5）．

[91] 佟昕，陈凯，李刚．中国碳排放影响因素分析和趋势预测：基于 STIRPAT 和 GM（1，1）模型的实证研究 [J]．东北大学学报（自然科学版），2015，36（2）．

[92] 万广华．2030 年：中国城镇化率达到 80% [J]．国际经济评论，2011（6）．

[93] 汪靖轩．食品产业链的碳中和路径分析 [J]．中国食品，2024（2）．

[94] 王灿，张雅欣．碳中和愿景的实现路径与政策体系 [J]．中国环境管理，2020，12（6）．

[95] 王大用．中国的城市化及带来的挑战 [J]．经济纵

横，2005（1）.

［96］王惠文，刘强．成分数据预测模型及其在中国产业结构趋势分析中的应用［J］．中外管理导报，2002（5）.

［97］王凯，刘青权，于鹏，等．建筑行业碳达峰与碳中和路径探讨［J］．建设科技，2023（6）.

［98］王理想，王建民．碳中和目标下长三角地区能源结构调整的经济影响及其差异性［J］．资源与产业，2024，26（1）.

［99］王立国，朱海，叶炎婷，等．中国省域旅游业碳中和时空分异与模拟［J］．生态学报，2024，44（2）.

［100］王利兵，张赟．中国能源碳排放因素分解与情景预测［J］．电力建设，2021，42（9）.

［101］王利宁，彭天铎，向征艰，等．碳中和目标下中国能源转型路径分析［J］．国际石油经济，2021，29（1）.

［102］王陆新，王越，王永臻．碳达峰碳中和背景下我国能源发展多情景研究［J］．石油科技论坛，2022，41（1）.

［103］王南，胡展硕，王丽霞，等．指数平滑法模型与ARIMA模型在行业碳排放趋势预测中的综合应用实践分析［J］．数字技术与应用，2023，41（12）.

［104］王庆荣，王俊杰，朱昌锋，等．融合VMD和SSA-LSSVM的交通运输业碳排放预测研究［J］．环境工程，2023，41（10）.

[105] 王瑞娜，唐德善. 基于改进的灰色GM（1，1）模型的人口预测［J］. 统计与决策，2007（20）.

[106] 王一然. 碳中和目标下的能源经济转型路径［J］. 产业创新研究，2023（12）.

[107] 王泽菡，陈丽娟，林心如. 基于机器学习的碳排放预测及SHAP特征分析［J］. 科技与创新，2024（2）.

[108] 王铮，朱永彬，刘昌新，等. 最优增长路径下的中国碳排放估计［J］. 地理学报，2010，65（12）.

[109] 王宗永，陈睿山，王尧，等. 高等院校碳排放核算与碳中和路径探析［J］. 科技促进发展，2023，19（12）.

[110] 魏存，李若冰，王健，等. 碳中和背景下城市供热碳排放预测与分析［J］. 建筑科学，2023，39（12）.

[111] 魏志强，曹建军，孙丽丽，等. 中国炼化产业实现碳达峰与碳中和路径及支撑技术［J］. 石油学报（石油加工），2024，40（1）.

[112] 吴园玲，黄灵光，余裕平，等. 江西省自然资源领域碳达峰碳中和路径研究［J］. 江西科学，2022，40（3）.

[113] 夏龙龙，遆超普，朱春梧，等. 中国粮食生产的温室气体减排策略以及碳中和实现路径［J］. 土壤学报，2023，60（5）.

[114] 向媛秀，吴健婧. 广西碳中和实现的生态农业发展路径探索［J］. 广西教育学院学报，2023（4）.

[115] 谢立中．中国城镇化率发展水平测算：以非农劳动力需求为基础的模拟 [J]. 社会发展研究，2017，4（2）.

[116] 熊媛媛，苏洋．中国农业农村碳中和效应时空分异与动态演进特征 [J]. 水土保持通报，2024，44（1）.

[117] 徐梦羽．证券公司在碳中和发展中的战略路线 [J]. 商业经济，2024（3）.

[118] 徐伟，倪江波，孙德宇，等．我国建筑碳达峰与碳中和目标分解与路径辨析 [J]. 建筑科学，2021，37（10）.

[119] 许鸿伟，汪鹏，任松彦，等．双碳目标下电力系统转型对产业部门影响评估：以粤港澳大湾区为例 [J]. 中国环境科学，2022，42（3）.

[120] 晏路辉．详解金融机构实现碳中和的路径：基于 CREOS 方法论 [J]. 中国信用卡，2023（10）.

[121] 杨庆华．浅析黑龙江省中小银行转型"碳中和"银行创新路径 [J]. 黑龙江金融，2023（1）.

[122] 尹祥，陈文颖．基于中国 TIMES 模型的碳排放情景比较 [J]. 清华大学学报（自然科学版），2013，53（9）.

[123] 余霜，陈广森．双碳目标下柳州市碳排放预测模型研究 [J]. 对外经贸，2022（7）.

[124] 袁亮．煤炭工业碳中和发展战略构想 [J]. 中国工程科学，2023，25（5）.

[125] 岳超，王少鹏，朱江玲，等．2050 年中国碳排放量

的情景预测：碳排放与社会发展Ⅳ［J］. 北京大学学报（自然科学版），2010，46（4）.

［126］翟伟峰，马昌宁，张建伟. 钢铁企业通过供应链实现碳中和的策略分析：基于河钢集团的案例研究［J］. 石家庄学院学报，2023，25（6）.

［127］张纯. 基于STIRPAT模型的安徽省工业碳排放情景预测分析［J］. 黑龙江工程学院学报，2022，36（3）.

［128］张丁. 建筑行业碳中和目标的实现路径分析［J］. 四川建材，2024，50（2）.

［129］张帆，徐宁，吴锋. 共享社会经济路径下中国2020—2100年碳排放预测研究［J］. 生态学报，2021，41（24）.

［130］张浩楠，申融容，张兴平，等. 中国碳中和目标内涵与实现路径综述［J］. 气候变化研究进展，2022，18（2）.

［131］张旎昕，赵爽. 基于kaya模型的产业园区规划碳排放预测模型研究及实证［J］. 产业创新研究，2024（2）.

［132］张琦，沈佳林，籍杨梅. 典型钢铁制造流程碳排放及碳中和实施路径［J］. 钢铁，2023，58（2）.

［133］张琦，田硕硕，沈佳林. 中国钢铁行业碳达峰碳中和时间表与路线图［J］. 钢铁，2023，58（9）.

［134］张思露，郭超艺，周子乔，等. 碳中和目标下我国煤炭主产省区的减排贡献及经济代价［J］. 煤炭经济研究，2024，44（1）.

[135] 张新生，魏志臻，陈章政，等. 基于LASSO-GWO-KELM的工业碳排放预测方法研究 [J]. 环境工程，2023，41 (10).

[136] 张雅欣，罗荟霖，王灿. 碳中和行动的国际趋势分析 [J]. 气候变化研究进展，2021，17 (1).

[137] 张颖，王灿，王克，等. 基于LEAP的中国电力行业CO_2排放情景分析 [J]. 清华大学学报（自然科学版），2007 (3).

[138] 张宇，杨之维. 电力装备产业助力碳达峰碳中和途径与措施研究 [J]. 现代工业经济和信息化，2023，13 (11).

[139] 张玉鸿. 典型现代煤化工企业碳达峰碳中和的思考 [J]. 石油石化绿色低碳，2023，8 (5).

[140] 张昭，李硕. 林业服务碳达峰、碳中和路径选择与投融资模式研究 [J]. 开发性金融研究，2022 (1).

[141] 赵守国，徐仪嘉. 我国西北地区碳达峰碳中和实现路径研究 [J]. 西北大学学报（哲学社会科学版），2022，52 (4).

[142] 赵息，齐建民，刘广为. 基于离散二阶差分算法的中国碳排放预测 [J]. 干旱区资源与环境，2013，27 (1).

[143] 赵兴树，杨梦蝶，孙思源，等. 高校校园碳排放核算及碳中和预测：以江南大学为例 [J]. 建设科技，2023 (19).

[144] 赵忠秀，王苒，HINRICH V，等．基于经典环境库兹涅茨模型的中国碳排放拐点预测 [J]. 财贸经济，2013 (10).

[145] 周伟，米红．中国能源消费排放的 CO_2 测算 [J]. 中国环境科学，2010，30 (8)．

[146] 周晓蕾，刘爽，王立林，等．辽宁菱镁产业碳达峰、碳中和路径及对策研究 [J]. 耐火与石灰，2023，48 (6)．

[147] 周晓龙，何立秀．传统工业园区碳达峰、碳中和路径分析：以河池市大任产业园为例 [J]. 广西节能，2023 (4)．

[148] 周一星，于海波．以“五普”数据为基础对我国城镇化水平修补的建议 [J]. 统计研究，2002 (4)．

[149] 朱丽．钢铁生产企业碳中和及碳排放核算体系探析 [J]. 现代工业经济和信息化，2023，13 (10)．

[150] 朱守先．基于结构优化演进的雄安新区碳中和路径选择 [J]. 中国人口·资源与环境，2023，33 (4)．

[151] 朱思平．民航机场碳达峰碳中和路径研究 [J]. 中国航务周刊，2023 (41)．

[152] 朱微，程云鹤．中国建筑业碳排放影响因素及碳达峰碳中和预测分析 [J]. 河北环境工程学院学报，2024，34 (1)．

[153] 邹才能，林敏捷，马锋，等．碳中和目标下中国天然气工业进展、挑战及对策 [J]. 石油勘探与开发，2024，51 (2)．

(三) 其他

[1] IPCC. 全球1.5℃增暖特别报告[EB/OL]. 中国气象局, 2018-10-09.

[2] 能源基金会. 中国碳中和综合报告2020——中国现代化的新征程: "十四五"到碳中和的新增长故事[R/OL]. 能源基金会, 2020-12-10.

[3] 澎湃新闻. 丁仲礼院士: 中国碳中和框架路线图研究[EB/OL]. 澎湃新闻网, 2021-07-09.

[4] 深圳市技术标准研究院. PAS 2060: 2010碳中和证明规范[EB/OL]. 豆丁网, 2011-12-09.

[5] 中国石油天然气集团有限公司.2050年世界与中国能源展望(2020版)[EB/OL]. 搜狐网, 2020-12-19.

[6] 中宏国研经济研究院. 我国"碳中和"的路径分析及对经济的影响[EB/OL]. 碳交易网, 2021-02-01.

[7] 中华人民共和国生态环境部. 大型活动碳中和实施指南(试行)[EB/OL]. 江西产权交易所网站, 2019-05-29.

[8] 中金研究院. 碳中和经济学: 新约束下的宏观与行业分析[EB/OL]. 中金公司官网, 2021-03-21.

二、英文文献

(一) 专著

[1] AITCHISON J, JONES M C. The Statistical Analysis of

Compositional Data [M]. London: Chapman and Hall, 1986.

(二) 期刊

[1] GAMBHIR A, SCHOLZ N, NAPP T, et al. A hybrid modelling approach to develop scenarios for China's carbon dioxide emissions to 2050 [J]. Energy Policy, 2013, 59.

[2] CAI W J, WANG C, WANG K, et al. Scenario analysis on CO_2 emissions reduction potential in China's electricity sector [J]. Energy Policy, 2007, 35 (12).

[3] DING S, DANG Y G, LI X M, et al. Forecasting Chinese CO_2 emissions from fuel combustion using a novel grey multivariable model [J]. Journal of Cleaner Production, 2017: 162.

[4] FANG D B, ZHANG X L, YU Q, et al. A novel method for carbon dioxide emission forecasting based on improved Gaussian processes regression [J]. Journal of Cleaner Production, 2018, 173.

[5] GRUBB M, SHA F, SPENCER T, et al. A review of Chinese CO_2 emission projections to 2030: the role of economic structure and policy [J]. Climate policy, 2015, 15.

[6] GU C L, GUAN W H, LIU H L. Chinese urbanization 2050: SD modeling and process simulation [J]. Science China Earth Sciences, 2017, 60.

[7] HUANG Y S, SHEN L, LIU H. Grey relational analysis, principal component analysis and forecasting of carbon e-

missions based on long short-term memory in China [J]. Journal of Cleaner Production, 2019, 209.

[8] LI H, QI Y. Comparison of China's Carbon Emission Scenarios in 2050 [J]. Advances in Climate Change Research, 2011, 2 (4).

[9] LI J F, MA Z Y, ZHANG Y X, et al. Analysis on energy demand and CO_2 emissions in China following the Energy Production and Consumption Revolution Strategy and China Dream target [J]. Advances in Climate Change Research, 2018, 9 (1).

[10] LI N, ZHANG X L, SHI M J, et al. The prospects of China's long-term economic development and CO_2 emissions under fossil fuel supply constraints [J]. Resources, Conservation and Recycling, 2017, 121.

[11] LI Z D. An econometric study on China's economy, energy and environment to the year 2030 [J]. Energy Policy, 2003, 31 (11).

[12] LIU Q, GU A, TENG F, et al. Peaking China's CO_2 Emissions: Trends to 2030 and Mitigation Potential [J]. Energies, 2017, 10 (2).

[13] LIU D N, XIAO B W. Can China achieve its carbon emission peaking? A scenario analysis based on STIRPAT and system dynamics model [J]. Ecological Indicators, 2018, 93.

[14] LUGOVOY O, FENG X Z, GAO J, et al. Multi-model comparison of CO_2 emissions peaking in China: Lessons from CEMF01 study [J]. Advances in Climate Change Research, 2018, 9 (1).

[15] PAO H T, FU H C, TSENG C L. Forecasting of CO_2 emissions, energy consumption and economic growth in China using an improved grey model [J]. Energy, 2012, 40 (1).

[16] ROUT U K, SINGH A, FAHL U, et al. Energy and emissions forecast of China over a long-time horizon [J]. Energy, 2011, 36 (1).

[17] WANG Z X, YE D J. Forecasting Chinese carbon emissions from fossil energy consumption using non-linear grey multivariable models [J]. Journal of Cleaner Production, 2017, 142.

[18] WANG Z, ZHU Y S, ZHU Y B, et al. Energy structure change and carbon emission trends in China [J]. Energy, 2016, 115.

[19] WU L F, LIU S F, LIU D L, et al. Modelling and forecasting CO_2 emissions in the BRICS (Brazil, Russia, India, China, and South Africa) countries using a novel multi-variable grey model [J]. Energy, 2015, 79.

[20] XU N, DING S, GONG Y, et al. Forecasting Chinese greenhouse gas emissions from energy consumption using a novel

grey rolling model [J]. Energy, 2019, 175.

[21] YUAN J H, YAN X, ZHENG H, et al. Peak energy consumption and CO_2 emissions in China [J]. Energy Policy, 2014 (68).

[22] ZHAO X, DU D. Forecasting carbon dioxide emissions [J]. Journal of Environmental Management, 2015, 160.

[23] ZHOU N, DAVID F, NINA K, et al. China's energy and emissions outlook to 2050: Perspectives from bottom-up energy end-use model [J]. Energy Policy, 2013, 53.

（三）其他

[1] IPCC. Climate change 2021: The physical science basis [EB/OL]. IPCC, 2021.

[2] WRI. Net-Zero Tracker [EB/OL]. CLIMATEWATCH, 2021-11-20.

附　录

附表 1　全球及各国家的基年国内生产总值和碳排放

国家或地区	二氧化碳排放（百万吨）	国内生产总值（百万美元）
中国	7241. 105	7321874. 938
美国	5107. 9922	15533784. 88
巴西	371. 9908	2476694. 906
加拿大	523. 1122	1778628. 5
日本	1030. 0796	5905633. 875
印度	1771. 3123	1880100. 547
俄罗斯	1503. 4958	1904794. 281
韩国	501. 8976	1202462. 656
东欧	677. 9714	1441343. 688
西欧	3011. 2368	16224920. 25
中美洲和加勒比国家	585. 9453	1655804. 516
南美洲和美洲其他国家	582. 1877	1816212. 234

续表

国家或地区	二氧化碳排放（百万吨）	国内生产总值（百万美元）
撒哈拉以南非洲	567.9188	1460650.719
中东和北非	1907.7236	3213377.563
东亚	398.5175	773608.2109
大洋洲	424.5533	1595230.344
马来西亚和印度尼西亚	589.8198	1135184.336
欧洲其他国家	113.5367	1169804.422
东南亚其他国家	537.3898	1073625.047
南亚其他国家	210.24	425494.2383
东欧其他国家和苏联其他国家	1160.1768	1487732.672
世界其他国家或地区	0.0754	181.6545
总计	28818.2784	71477144.47

数据来源：GDyn-E 数据库 9。

附表 2　全球各个国家的基年各部门二氧化碳排放

国家或地区	农林牧渔	煤炭	原油	天然气	电力	能源密集型	成品油	其他工业和服务业
美国	46.91	1.44	27.64	345.51	867.70	2171.14	218.97	1428.69
巴西	17.05	0.04	6.17	7.41	90.73	29.09	70.23	151.27
加拿大	11.19	0.35	13.84	63.44	89.92	102.70	62.40	179.28
日本	8.35	0.04	0.00	13.58	141.98	457.86	111.52	296.74
中国	76.51	327.68	23.56	126.98	336.14	4048.65	1341.78	959.80

续表

国家或地区	农林牧渔	煤炭	原油	天然气	电力	能源密集型	成品油	其他工业和服务业
印度	26.15	13.22	6.58	19.90	169.26	985.19	299.78	251.23
中美洲和加勒比国家	10.24	0.06	20.22	29.25	136.78	176.22	44.56	168.61
南美洲和美洲其他国家	15.00	0.23	12.53	64.38	100.88	125.96	82.27	180.94
马来西亚和印度尼西亚	9.58	0.45	4.38	11.72	114.07	226.36	65.85	157.42
大洋洲	7.76	5.25	2.53	15.17	51.47	202.66	35.11	104.60
东亚	1.29	0.96	0.01	2.26	27.58	191.62	58.24	116.56
世界其他国家或地区	0.00	0.00	0.00	0.00	0.01	0.03	0.01	0.02
东南亚其他国家	14.26	5.31	4.85	15.41	62.90	177.71	88.27	168.69

续表

国家或地区	农林牧渔	煤炭	原油	天然气	电力	能源密集型	成品油	其他工业和服务业
南亚其他国家	3.34	0.01	0.05	20.06	19.29	66.77	35.67	65.04
俄罗斯	16.89	12.13	9.65	119.04	102.34	895.89	97.25	250.31
欧洲其他国家	2.58	0.09	4.37	10.43	20.34	3.41	6.93	65.38
东欧其他国家和苏联其他国家	27.53	46.59	27.34	146.33	73.21	466.69	124.53	247.95
西欧	41.97	9.53	7.54	203.41	492.48	851.90	205.38	1199.02
东欧	15.89	26.91	0.40	28.17	62.67	331.76	47.97	164.21
中东和北非	26.36	0.13	29.92	155.19	331.17	699.61	187.34	478.02
撒哈拉以南非洲	7.47	7.74	4.93	6.00	78.19	270.26	53.08	140.26
韩国	5.32	3.27	0.09	18.41	48.36	264.26	52.03	110.15

数据来源：GDyn-E 数据库 9。

注：附表 2 的单位为百万吨；数字 0 并不表示某国家或地区在该部门的碳排放为零，只是保留两位小数显示为零。

附表 3　全球各个国家在基年以代理人价格衡量的初始投入销售价值

国家或地区	土地	非熟练劳动力	熟练劳动力	资本	自然资源	总计
美国	48970	2872562	4211937	3579879	74280	10787628
巴西	17754	479912	539945	799863	16887	1854361
加拿大	3296	236705	377705	504363	29655	1151724
日本	12162	1049510	1172785	2076811	4641	4315909
中国	179891	2608644	1064939	2642362	111196	6607032
印度	124991	487447	366918	684072	16134	1679562
中美洲和加勒比国家	16238	302449	226095	826738	11300	1382820
南美洲和美洲其他国家	28110	362304	374140	687700	44759	1497013
马来西亚和印度尼西亚	46198	313469	129820	481057	35504	1006048
大洋洲	6518	238409	365207	492642	25563	1128339
东亚	4192	158727	127583	306405	3950	600857
世界其他国家或地区	1	20	32	68	3	124
东南亚其他国家	38788	181093	194018	500631	15991	930521

续表

国家或地区	土地	非熟练劳动力	熟练劳动力	资本	自然资源	总计
南亚其他国家	22656	75687	54020	219472	4092	375927
俄罗斯	12322	175853	211636	766768	95746	1262325
欧洲其他国家	3464	170398	240089	361682	27475	803108
东欧其他国家和苏联其他国家	17439	269228	185267	588700	35643	1096277
西欧	41983	1750192	2517979	5264242	36056	9610452
东欧	19106	163866	201507	549550	6377	940406
中东和北非	14096	368038	315281	1644332	285165	2626912
撒哈拉以南非洲	26987	298013	238876	503893	61137	1128906
韩国	10890	266414	205788	498058	1585	982735

注：附表3的单位为百万美元。

数据来源：GDyn-E数据库9。

附表 4 全球各国或地区企业在基年以代理人价格购买的国内各部门价值

国家或地区	农林牧渔	煤炭	原油	天然气	电力	能源密集型	成品油	其他工业和服务业
美国	225401	28776	47992	40695	347707	219030	877140	9645690
巴西	87849	185	24738	1175	55136	14829	251651	1311551
加拿大	32596	1902	19249	6001	58071	12425	120168	955730
日本	61580	49	223	1141	66291	87550	634205	4393754
中国	387749	64900	42077	4984	314350	190497	2639914	8328879
印度	136463	1823	5805	2978	74960	61123	190355	1043923
中美洲和加勒比国家	32840	144	7927	2631	42125	24571	121314	737165
南美洲和美洲其他国家	74285	1580	17342	2303	75958	17404	169955	876882
马来西亚和印度尼西亚	35803	2877	5846	7693	49090	17620	154623	811766
大洋洲	40226	21480	5666	6296	20751	24621	130017	1117646
东亚	11354	1419	146	392	11930	6590	127851	601481

续表

国家或地区	农林牧渔	煤炭	原油	天然气	电力	能源密集型	成品油	其他工业和服务业
世界其他国家或地区	5	1	1	1	7	5	12	132
东南亚其他国家	39465	854	3851	6388	19678	18382	91748	662124
南亚其他国家	37379	262	1586	5823	3845	16102	27466	316431
俄罗斯	39650	11448	86802	58495	212245	121860	185008	887524
欧洲其他国家	12220	114	8919	6188	19160	4641	73181	638806
东欧其他国家和苏联其他国家	68583	8199	35706	20976	55507	51320	151369	882180
西欧	155573	8243	9441	10506	230779	163892	1126632	10741792
东欧	43240	4931	1712	2461	35108	41808	136498	1028409
中东和北非	78839	50	53536	21709	268994	100135	174919	1030776

续表

国家或地区	农林牧渔	煤炭	原油	天然气	电力	能源密集型	成品油	其他工业和服务业
撒哈拉以南非洲	64012	5738	42691	2161	17464	11555	110689	697030
韩国	20091	118	165	133	37912	13523	268840	1047106

数据来源：GDyn-E 数据库 9。

附表 5　全球各国或地区政府在基年以代理人价格购买的国内各部门价值

国家或地区	农林牧渔	煤炭	原油	天然气	电力	能源密集型	成品油	其他工业和服务业
美国	138	0	0	0	0	0	480	2565270
巴西	21	0	0	0	0	0	90	507959
加拿大	12	0	0	0	0	0	72	381245
日本	44	0	0	0	0	0	287	1190058
中国	76	0	0	0	0	0	164	980860
印度	1703	0	0	1	1	1	3531	215603
中美洲和加勒比国家	6	0	0	0	0	0	234	209856
南美洲和美洲其他国家	7	0	0	0	0	0	1605	240795
马来西亚和印度尼西亚	4	0	0	0	0	0	14	116775
大洋洲	436	0	0	0	0	0	285	287952

续表

国家或地区	农林牧渔	煤炭	原油	天然气	电力	能源密集型	成品油	其他工业和服务业
东亚	6	0	0	0	0	0	89	78448
世界其他国家或地区	0	0	0	0	0	0	0	32
东南亚其他国家	238	0	0	0	1	1	353	119159
南亚其他国家	207	0	0	0	0	0	185	41697
俄罗斯	829	0	0	0	0	0	263	348025
欧洲其他国家	2	0	0	0	0	0	54	188558
东欧其他国家和苏联其他国家	1207	0	0	0	1	0	768	215425
西欧	155	0	0	0	0	0	21288	3532370
东欧	36	0	0	0	0	0	180	244069
中东和北非	923	0	0	0	4	0	7626	441781
撒哈拉以南非洲	24	0	0	3	0	0	48	209311
韩国	0	0	0	0	0	0	1	172955

注：附表5的单位为百万美元；数字0表示某国家或地区在该部门的购买为零。

数据来源：GDyn-E数据库9。

附表6 全球各国或地区个人在基年以市场价格购买的国内各部门价值

国家或地区	农林牧渔	煤炭	原油	天然气	电力	能源密集型	成品油	其他工业和服务业
美国	64422	10	0	19138	210552	145882	182626	9529187
巴西	32503	1	0	107	30050	18072	57010	1288790
加拿大	4643	6	10	2634	25900	14787	10380	789709
日本	38914	0	0	2761	87515	69044	39593	3109310
中国	176448	4457	0	3171	76299	43248	54509	2184289
印度	221903	102	0	690	55612	20120	25712	784829
中美洲和加勒比国家	32567	3	0	220	15489	15257	36182	878957
南美洲和美洲其他国家	37043	5	0	1036	22488	12320	31489	934774
马来西亚和印度尼西亚	48423	0	0	27	15428	7873	19639	473446
大洋洲	6848	6	0	583	16339	13516	7131	736495
东亚	12381	31	0	58	8278	6426	5007	316100

续表

国家或地区	农林牧渔	煤炭	原油	天然气	电力	能源密集型	成品油	其他工业和服务业
世界其他国家或地区	2	0	0	0	4	3	1	79
东南亚其他国家	42114	213	44	118	15884	12262	12200	449883
南亚其他国家	41189	1	0	2361	1355	10458	5259	251318
俄罗斯	36373	291	0	11004	28575	42150	11874	660418
欧洲其他国家	3448	2	0	85	6356	8872	2360	500295
东欧其他国家和苏联其他国家	73905	1289	15	9683	21400	41444	21876	687740
西欧	56523	424	1	25007	257148	202543	163622	7117124
东欧	30566	1287	0	3815	27289	37998	20977	616342
中东和北非	121498	4	1	4487	50095	56759	46956	913143

续表

国家或地区	农林牧渔	煤炭	原油	天然气	电力	能源密集型	成品油	其他工业和服务业
撒哈拉以南非洲	236642	135	16	25	13286	7299	20229	503618
韩国	13096	73	0	390	20096	7871	4869	506653

注：附表6的单位为百万美元；数字0表示某国家或地区在该部门的购买为零。

数据来源：GDyn-E 数据库9。

附表7　全球各国或地区个人在基年的二氧化碳排放

国家或地区	个人国内（百万吨）	个人国外（百万吨）
美国	885.76	71.43
巴西	71.84	3.19
加拿大	98.48	5.68
日本	110.94	16.95
中国	473.75	31.63
印度	121.16	13.21
中美洲和加勒比国家	56.75	44.71
南美洲和美洲其他国家	92.50	15.62
马来西亚和印度尼西亚	51.11	24.12
大洋洲	32.44	11.32
东亚	18.04	6.02

续表

国家或地区	个人国内（百万吨）	个人国外（百万吨）
世界其他国家或地区	0.01	0.00
东南亚其他国家	43.98	11.84
南亚其他国家	23.15	14.67
俄罗斯	178.52	4.43
欧洲其他国家	9.19	10.54
东欧其他国家和苏联其他国家	133.60	61.81
西欧	333.31	250.31
东欧	67.95	27.83
中东和北非	290.37	59.73
撒哈拉以南非洲	38.13	36.58
韩国	32.29	19.43

数据来源：GDyn-E 数据库 9。

附表 8　全球各国或地区企业在基年的二氧化碳排放

国家或地区	企业国内（百万吨）	企业国外（百万吨）
美国	3876.65	274.15
巴西	219.36	77.60
加拿大	353.71	65.24
日本	334.36	567.83
中国	6243.33	492.39
印度	1314.10	322.84
中美洲和加勒比国家	312.83	171.67
南美洲和美洲其他国家	378.40	95.67

续表

国家或地区	企业国内（百万吨）	企业国外（百万吨）
马来西亚和印度尼西亚	353. 51	161. 09
大洋洲	333. 71	47. 09
东亚	97. 17	277. 29
世界其他国家或地区	0. 06	0. 01
东南亚其他国家	298. 10	183. 48
南亚其他国家	111. 42	61. 00
俄罗斯	1294. 44	26. 11
欧洲其他国家	50. 08	43. 73
东欧其他国家和苏联其他国家	650. 19	314. 57
西欧	1070. 16	1357. 46
东欧	398. 79	183. 41
中东和北非	1305. 11	252. 49
撒哈拉以南非洲	390. 01	103. 17
韩国	124. 97	325. 20

数据来源：GDyn-E 数据库 9。

附表 9　全球各国或地区企业在基年的分部门二氧化碳排放

国家或地区	农林牧渔	煤炭	原油	天然气	电力	能源密集型	成品油	其他工业和服务业
美国	47	1	28	82	174	2171	219	1429
巴西	17	0	6	6	17	29	70	151
加拿大	11	0	14	27	22	103	62	179
日本	8	0	0	0	27	458	112	297

续表

国家或地区	农林牧渔	煤炭	原油	天然气	电力	能源密集型	成品油	其他工业和服务业
中国	77	161	24	21	104	4049	1342	960
印度	26	1	7	14	54	985	300	251
中美洲和加勒比国家	10	0	20	27	38	176	45	169
南美洲和美洲其他国家	15	0	13	36	21	126	82	181
马来西亚和印度尼西亚	10	0	4	11	39	226	66	157
大洋洲	8	5	3	7	16	203	35	105
东亚	1	0	0	0	7	192	58	117
世界其他国家或地区	0	0	0	0	0	0	0	0
东南亚其他国家	14	0	5	15	13	178	88	169

续表

国家或地区	农林牧渔	煤炭	原油	天然气	电力	能源密集型	成品油	其他工业和服务业
南亚其他国家	3	0	0	0	1	67	36	65
俄罗斯	17	6	10	19	26	896	97	250
欧洲其他国家	3	0	4	8	3	3	7	65
东欧其他国家和苏联其他国家	28	2	27	49	20	467	125	248
西欧	42	0	8	17	105	852	205	1199
东欧	16	1	0	2	19	332	48	164
中东和北非	26	0	30	53	83	700	187	478
撒哈拉以南非洲	7	0	5	6	11	270	53	140
韩国	5	0	0	1	18	264	52	110

注：附表9的单位为百万吨。

数据来源：GDyn-E数据库9。

附表 10 全球各国或地区以世界价格衡量的分部门出口额

国家或地区	农林牧渔	煤炭	原油	天然气	电力	能源密集型	成品油	其他工业和服务业
美国	87090	12636	670	6379	127078	1020	371135	1234174
巴西	35758	1	11830	0	6395	187	91747	128112
加拿大	23226	5155	48643	11541	14472	3650	115994	249247
日本	1333	0	1	0	14632	1	194268	661335
中国	17282	1957	860	733	37996	919	279357	1559962
印度	13399	101	0	1	53003	17	69296	224090
中美洲和加勒比国家	23967	7	33395	4165	18618	223	76972	354458
南美洲和美洲其他国家	41460	7668	81262	3247	29785	2118	125508	124512
马来西亚和印度尼西亚	6994	30217	18011	21660	7584	3	94331	268303
大洋洲	25926	41121	6192	7849	4828	191	132069	125191
东亚	1350	3982	410	700	8616	437	92580	455912

续表

国家或地区	农林牧渔	煤炭	原油	天然气	电力	能源密集型	成品油	其他工业和服务业
世界其他国家或地区	1	0	3	1	2	0	11	32
东南亚其他国家	16364	1444	11970	6253	54513	266	126027	512030
南亚其他国家	4811	6	137	433	830	102	5246	64558
俄罗斯	9213	13439	205271	75204	80231	1097	88353	74110
欧洲其他国家	6113	105	54226	29707	9856	3459	166450	253682
东欧其他国家和苏联其他国家	18199	2816	80756	20033	27503	4407	100176	196588
西欧	106461	156	17086	15147	161884	23225	1362270	4165290
东欧	19402	1698	36	112	22224	11706	142040	569831
中东和北非	14974	48	739748	78311	144723	1316	151432	291006

续表

国家或地区	农林牧渔	煤炭	原油	天然气	电力	能源密集型	成品油	其他工业和服务业
撒哈拉以南非洲	28704	6672	194774	13567	6743	1423	103806	96217
韩国	1040	0	3	0	40083	0	117229	402985

注：附表10的单位为百万美元。

数据来源：GDyn-E 数据库9。

附表11 全球各国或地区以市场价格衡量的分部门出口额

国家或地区	农林牧渔	煤炭	原油	天然气	电力	能源密集型	成品油	其他工业和服务业
美国	87090	12624	669	6378	126550	1020	369898	1231836
巴西	35758	1	11815	0	6190	187	88976	125579
加拿大	23226	5257	48643	11541	14473	3650	116128	249324
日本	1333	0	1	0	14632	1	194268	661335
中国	17282	1749	729	732	34196	919	269183	1501724
印度	13397	101	0	1	43977	17	63720	218625
中美洲和加勒比国家	23998	7	33395	4165	18378	223	76555	354332

续表

国家或地区	农林牧渔	煤炭	原油	天然气	电力	能源密集型	成品油	其他工业和服务业
南美洲和美洲其他国家	41460	7657	81234	3247	28030	2118	125425	124402
马来西亚和印度尼西亚	6994	30051	17643	21282	7574	3	93651	267137
大洋洲	25926	41116	6188	7844	4922	191	131947	125225
东亚	1350	3913	406	700	8616	437	92544	455887
世界其他国家或地区	1	0	3	1	2	0	11	32
东南亚其他国家	16364	1440	11926	6072	53472	266	125692	510650
南亚其他国家	4854	6	137	433	827	102	5248	65014
俄罗斯	9211	13300	149828	18344	67609	1097	83725	72297

续表

国家或地区	农林牧渔	煤炭	原油	天然气	电力	能源密集型	成品油	其他工业和服务业
欧洲其他国家	6119	105	54226	29707	9844	3459	166455	253783
东欧其他国家和苏联其他国家	18199	2810	80750	20031	26663	4407	99565	196053
西欧	106547	156	17086	15147	161884	23225	1362271	4167767
东欧	19426	1698	36	112	22224	11706	142040	570081
中东和北非	14974	48	739828	78445	144617	1316	150929	290755
撒哈拉以南非洲	28704	6669	191616	13565	5946	1423	102415	94822
韩国	1073	0	3	0	40083	0	117229	402994

注：附表11的单位为百万美元。

数据来源：GDyn-E数据库9。

附表 12　全球各国或地区以世界价格衡量的分部门进口额

国家或地区	农林牧渔	煤炭	原油	天然气	电力	能源密集型	成品油	其他工业和服务业
美国	98698	13696	684	6653	136748	1020	391148	1263382
巴西	40730	1	12243	0	6729	187	102605	134586
加拿大	25861	5638	50541	12220	15286	3650	125115	259404
日本	1493	0	1	0	15410	1	205809	679831
中国	19872	2160	886	733	40424	919	302337	1632943
印度	14760	124	0	1	55750	17	73967	230653
中美洲和加勒比国家	29567	7	34628	4296	19313	223	83093	367600
南美洲和美洲其他国家	48236	8446	83991	3294	31552	2118	154147	131430
马来西亚和印度尼西亚	7752	33914	18709	22878	8072	3	105776	280825
大洋洲	28507	45989	6424	8276	5015	191	151792	129467
东亚	1520	4383	421	700	9049	437	100329	464725

续表

国家或地区	农林牧渔	煤炭	原油	天然气	电力	能源密集型	成品油	其他工业和服务业
世界其他国家或地区	1	0	3	1	2	0	12	33
东南亚其他国家	18749	1600	12434	6619	57289	266	135001	529319
南亚其他国家	5429	6	137	433	855	102	5924	67945
俄罗斯	10082	15097	213067	77440	84275	1097	93941	76514
欧洲其他国家	6739	123	55442	29713	10202	3459	168627	257399
东欧其他国家和苏联其他国家	20730	3261	83272	20383	28988	4407	110491	205152
西欧	112626	176	17458	16035	166772	23225	1401296	4234457
东欧	21001	2077	37	114	23425	11706	149730	586074
中东和北非	18201	51	769041	81709	153367	1316	164492	296881

续表

国家或地区	农林牧渔	煤炭	原油	天然气	电力	能源密集型	成品油	其他工业和服务业
撒哈拉以南非洲	31526	7493	201836	14321	7044	1423	111694	99205
韩国	1247	0	3	0	42153	0	126533	414117

注：附表12的单位为百万美元。

数据来源：GDyn-E数据库9。

附表13　全球各国或地区以市场价格衡量的分部门进口额

国家或地区	农林牧渔	煤炭	原油	天然气	电力	能源密集型	成品油	其他工业和服务业
美国	114034	13735	685	6658	139106	1020	400572	1293884
巴西	43711	1	12250	0	6767	187	103271	142861
加拿大	27241	5640	50542	12221	15319	3650	125821	262682
日本	1642	0	1	0	15789	1	214596	712125
中国	22962	2162	886	733	41528	919	316075	1710544
印度	16039	134	0	1	57064	17	76025	239233
中美洲和加勒比国家	30007	7	34637	4332	19529	223	83903	372187

续表

国家或地区	农林牧渔	煤炭	原油	天然气	电力	能源密集型	成品油	其他工业和服务业
南美洲和美洲其他国家	50325	8456	84238	3306	32108	2118	154677	135561
马来西亚和印度尼西亚	8180	34075	18787	22943	8329	3	107796	295536
大洋洲	30645	46358	6456	8305	5136	191	152866	136499
东亚	1572	4384	421	700	9338	437	103827	473664
世界其他国家或地区	1	0	3	1	2	0	12	35
东南亚其他国家	19858	1602	12498	6627	58806	267	139270	545468
南亚其他国家	5806	6	137	433	872	102	6126	71454
俄罗斯	10818	15108	213368	77507	85039	1097	95421	77558

续表

国家或地区	农林牧渔	煤炭	原油	天然气	电力	能源密集型	成品油	其他工业和服务业
欧洲其他国家	7152	123	55451	29716	10275	3459	172660	261551
东欧其他国家和苏联其他国家	22184	3263	83281	20383	29374	4432	112961	210512
西欧	115599	177	17465	16036	168406	23225	1418425	4300726
东欧	21935	2077	37	114	23591	11706	151193	593213
中东和北非	19118	52	771923	82223	156799	1316	168954	301572
撒哈拉以南非洲	33506	7569	202348	14368	7365	1424	113494	101968
韩国	1332	0	3	0	43286	0	131429	434883

注：附表13的单位为百万美元。

数据来源：GDyn-E数据库9。

附表 14　全球各国或地区基年的资本和收入名义增长率、回报预期率

国家或地区	资本名义增长率	收入名义增长率	回报预期率
美国	0.0146	0.0187	0.109
巴西	0.0222	0.0381	0.1011
加拿大	0.0378	0.0213	0.1066
日本	0.0149	0.01	0.108
中国	0.0976	0.1023	0.1021
印度	0.0973	0.0738	0.1112
中美洲和加勒比国家	0.0402	0.0222	0.1062
南美洲和美洲其他国家	0.0384	0.0433	0.0982
马来西亚和印度尼西亚	0.0522	0.0611	0.1049
大洋洲	0.0349	0.0301	0.1048
东亚	0.0414	0.0327	0.1051
世界其他国家或地区	0.0304	0.0288	0.1062
东南亚其他国家	0.0412	0.0503	0.108
南亚其他国家	0.0333	0.0517	0.1039
俄罗斯	0.0313	0.0403	0.1012
欧洲其他国家	0.0333	0.0236	0.1079
东欧其他国家和苏联其他国家	0.0516	0.0538	0.1091
西欧	0.016	0.0103	0.1078
东欧	0.0335	0.0261	0.1068
中东和北非	0.039	0.0313	0.1085

续表

国家或地区	资本名义增长率	收入名义增长率	回报预期率
撒哈拉以南非洲	0.0645	0.056	0.104
韩国	0.0383	0.0417	0.1096

数据来源：GDyn-E 数据库 9。

后　记

本书的书写已经接近尾声，我不禁感叹岁月荏苒，时光飞逝，写作过程中有快乐、有激动、有焦虑，但更多的还是感激！

我不仅要感谢中国社会科学院生态文明研究所王谋研究员，可谓“学为人师，行为世范”，使我拥有渊博的知识、精益求精的治学态度、敏锐的学术眼光，还从选题、写作、修改等方面全面指导我的撰写，从每一个字词的使用，到每一句话的选择再到内容的组织和篇章结构的构思，无一不倾注了王老师大量的心血。我还要真诚地感谢中国社会科学院生态文明研究所梁本凡研究员、陈迎研究员、庄贵阳研究员、张莹副研究员给予我的指导和关怀，他们倾囊相授，教给了我很多研究方法，尤其是本书中所采用的方法，帮助我圆满地完成了本书的撰写，而且给我提供了多次专业相关方法学的培训机会。

此外，我非常感谢在写作间遇到的所有老师和同学，感谢你们出现在我的生命里，让我今生拥有，倍加珍惜。我也要感谢我的家人，是你们的倾心付出、无声之爱，我才能够永无后顾之忧，勇往直前，感谢你们。

康文梅